谁在掌控
你的人生

破解生命的四大魔咒

韦志中◎著

SHUI ZAI

ZHANGKONG

NI DE RENSHENG

台海出版社

图书在版编目（CIP）数据

谁在掌控你的人生：破解生命的四大魔咒 / 韦志中
著 . -- 北京：台海出版社，2019.7
　ISBN 978-7-5168-2309-5

Ⅰ . ①谁… Ⅱ . ①韦… Ⅲ . ①情绪－自我控制－通俗
读物 Ⅳ . ① B842.6-49

中国版本图书馆 CIP 数据核字（2019）第 159286 号

谁在掌控你的人生：破解生命的四大魔咒

著　　者：韦志中

责任编辑：赵旭雯　　王慧敏　　　　　　装帧设计：张合涛
责任印制：蔡　旭

出版发行：台海出版社
地　　址：北京市东城区景山东街 20 号　邮政编码：100009
电　　话：010 － 64041652（发行，邮购）
传　　真：010 － 84045799（总编室）
网　　址：www.taimeng.org.cn/thcbs/default.htm
E － mail：thcbs@126.com

经　　销：全国各地新华书店
印　　刷：三河市文通印刷包装有限公司
本书如有破损、缺页、装订错误，请与本社联系调换

开　　本：880 毫米 × 1230 毫米　 1/32
字　　数：205 千字　　　　　　　印　　张：8.25
版　　次：2019 年 10 月第 1 版　　印　　次：2019 年 10 月第 1 次印刷
书　　号：ISBN 978-7-5168-2309-5
定　　价：49.80 元

序

投石冲开水底天

志中给了我他的新作《谁在掌控你的人生——破解生命的四大魔咒》，我几乎是一口气读完的。这应该算是小说吧，准确地说是用小说的形式表现心理咨询工作以及普及心理学知识的作品。好多年了，我好像没有认真读过哪怕是一本小说，这次可算是一个例外，我想这例外是因了作品的吸引力。

这部小说与许多小说一样，也有作者自身的影子，甚至在书里面就出现了作者自己发展出来的心理咨询技术"石头的故事"。在2009年济南全国心理学大会期间，志中开办了"石头的故事"工作坊，我曾去观摩片刻，看到了那些有趣的石头，但可惜没有时间深刻体味石头背后的故事。在小说里面，随着情节的推进，咨询师与来访者的关系越发默契，主人翁的心结也渐次打开，我突然从石头上想起了一句诗——"投石冲开水底天"。

冯梦龙在其所编的《醒世恒言》中讲了一个故事：苏东坡之妹苏小妹是个才女，在新婚之夜把新郎秦少游拒之门外，要他对出对联方可入内。苏小妹出的上联是"闭门推出窗前月"，秦少游思之良久，也没想出下联。苏东坡在一旁看见，很为妹夫着急，但又不好现身帮忙。他看着月光映照下的池塘，忽然灵机一动，拾起一块石头投入水中。秦少游看了，立即对出下联——"投石冲开水底天"。这样，秦少游终于敲开了苏小妹的闺房。而在小说中，心理咨询师也是用石头敲开了来访者的心灵之扉。

石头是自然的，石头也是文化的。自然的石头，每块都沉淀着亿万年的沧桑；文化的石头，与人类结缘恐怕也不少于百万年的岁月。我们都知道，人类历史上经历过漫长的石器时代，许多族群也曾有过对石头的供养或崇拜。人类正是靠着与石头的相遇、相识、相依，才超越了其他动物而达万物之灵的地位。正如毛泽东在《贺新郎·读史》开篇所写的："人猿相揖别，只几个石头磨过，小儿时节。"所以，用石头去叩击人们的心灵，或许是条通顺畅达的中正平和之路。我们中国人还有"投石问路"的说法，只不过这里的路是人们的心路。太平天国的名人谱中有位"石达开"，借用他的名字，我很希望在石头抵达之时，人们的心扉便真的能够敞开。

当然，石头要敲开心灵之扉，靠的还是拿石头的人。这人可能是心理咨询师，更可能是来访者自己。志中在书中逐次涉及情绪、自我、他人、群体这些内容，这是他在十余年心理咨询职业生涯中总结出来的，是看待一个人心理健康状况的关节点。用他的话说，做一个人只要这些方面和谐了，基本就没有多大问题了。

确实，作为人类，最关心的应该就是人，只可惜对人的研究谈何容易！在人类已经可以"上九天揽月，下五洋捉鳖"的今天，我们对自身的了解还十分有限。在对人的研究方面，心理学有突出的贡献。心理学以人类个体为研究对象，试图透彻了解个体的心理与行为表现及其背后的原因，同时也试图透彻了解个体与个体之间的心理与行为表现及其背后的原因。于是，个体自身以及此个体与彼个体的关系就成了心理学研究的主要课题，用专门的术语来表达，这个话题即"自我"与"他人"。

每个人类个体最有切实感受的是自我，对人的认识首先需要从弄清楚什么是自我开始。但弄清自我并不是一件容易的事，成龙曾经主演过一部影片《我是谁》，凑巧心理学里也有一个测验叫"我是谁"（Who am I），在这个测验面前，很多人迟迟难以下笔，因为人们平常很少有意识地反思自我。自我就像空气和水，是我们"日用而不自知"的东西。而且，要弄清自我，还得了解他人。哲学家说"我思故我在"，但心理学家更相信自我因与他人对照而凸显，此即梁启超所谓"对他而自觉为我"，也就是库利（C.H.Cooley）所说的镜像自我（looking-glass self）。志中的这本书，便生动地演绎了自我与他人的互动在探索人类心灵奥秘中的协作。

志中还有一个职业理想，就是坚持"让更多的人因为心理学而受益"，他自己也一直致力于推动心理学在社会中的应用。本书的写作，可以看作他在心理教育方面迈出的坚实一步。办心灵俱乐部是教育，办工作坊是教育，就是咨询也可以视为教育，不过小说形式的作品可以用更快的速度影响更广大的人群，这可以让他的理想更好实现。我个人很认可志中的做法，近年来我也和几个志同道合的朋友发起了"心理学与中国发展论坛"，其任务之一，就是以各种形式把心理学知识推广到中国社会和民众中去。我曾提出"迈向人民的心理学"，与志中的理想颇为契合，在这一点上，我愿与志中共勉。

钟　年

武汉大学现代心理学研究中心主任

武汉大学哲学学院心理学系教授、系主任

2010 年 1 月 6 日于武汉大学

目　录
Contents

第三编　生命中的贵人

第四编　家族的梦

1

不要试图和情绪讲道理

梦的恐惧，咨询师的温柔

漆黑的夜里，陈逸芸不停地向前奔跑着，用尽了全身的力气。此时，天地间除了她跑步的声音和粗重的呼吸声之外，再也没有其他声音。但是因为这样，她变得更加恐惧。她总觉得，在她背后，正有什么东西在不停地追赶着她，让她不敢停下自己的脚步。因为她害怕自己一停下来，就会成为俘虏。

突然，她脚下一滑，跌倒在地，有一个尖锐的东西刺入她的脚底。漆黑中，除了感觉到剧烈的疼痛之外，她还感觉到自己的血液正从脚底汩汩地流出来。

她坐在地上无助地捂着伤口，很希望这个时候能够发现一点亮光，但是周围一片寂静，黑灯瞎火，显然，这一带都荒无人烟。

回头望，后面听不到任何声响，但她总觉得，追着自己的人就潜伏在背后。于是她挣扎着起来，但是因为伤口实在是太痛，她刚站起来又马上跌坐下去。

突然，她听到一声声微弱的犬吠，马上提高了警惕，侧耳倾听，只觉得那犬吠声越来越近，紧接着，一阵杂乱的脚步声从黑暗中传了过来。她知道，追兵来了，但是自己又走不动，怎么办呢？

她多么渴望这个时候会有奇迹，上天会派一个人来救她，但她也知道这个时候发生奇迹的概率是多么渺茫。

于是，她再次挣扎起身，试图挪动自己的脚步，继续向前奔跑。身后的呼喊声越来越高，隐约中还看见了火光，那是追兵的火把。

她咬着牙，一步一步地挪动着自己的身体。没过多久，就听见背后有人大声叫着："她就在前面，好像受伤了，快点，我们过去抓住她！"

她听到之后，顿时觉得全身冰冷，像是置身于冰窖般，但是双脚依然坚持挪动着，她想，就算痛死也不能落入那些人的手里。

突然，她觉得身后袭来一阵风，骇然回首，她看到一个黑乎乎的东西向她扑了过来，那是帮助追兵寻找她的猎犬。她吓得不由得大声狂叫起来。

她一屁股跌坐在地上，身子不由自主地向后退，试图逃开那猎犬的魔爪。突然，她感觉自己跌入了一片虚空。原来，她背后是一个悬崖，她刚才已经跑到了悬崖的边缘，这一再后退，让自己掉下了悬崖。

陈逸芸感到自己的身体不断地在黑暗中往下坠。悬崖边的火光在她的眼里变得越来越小。她使劲地挥舞着手臂，试图抓住什么东西，但是身边除了呼呼的风声，什么也没有，甚至没有一根草，没有一棵树。

不过，让她觉得奇怪的是，她下坠了很长一段时间，却依然没有跌到崖底。那悬崖好像是无底洞一般，无边无际。她突然想到地狱，于是浑身冒汗。她觉得自己像是一片飘落的树叶，在去地狱的路上。于是，她忍不住大哭起来。

此时，她仿佛听到了右手边传来一声隐约的人语，她张开眼睛，向右边望去，竟然看到一点小小的灯光，正在远处忽明忽暗地闪烁着。在这个漆黑一片的空间里，这点橘红色的灯光看起来是那么的温暖。

陈逸芸立刻挥动着手臂向那边飞奔而去，而且，她真的转了一个方向，就如一只鸟儿一般飞向了那点灯光。

她不断地挥动着自己的两只手臂，感觉到离火光已经越来越近了，她甚至已经看到了房子的轮廓。然而一阵狂风向她吹了过来，把她吹跌在地上。

她马上爬了起来，顾不上痛，拔腿就往房子那边跑，正当她要到达房子的时候，突然响起了一阵刺耳的铃声……

也许是前一阵子经常下雨的缘故，天空居然是少见的湛蓝。陈逸芸穿着黑色丝质紧身衬衣和同质的红色裙子，脚上穿着一双黑色细跟的高跟鞋，头发在脑后扎成马尾，正走在前往咨询室的路上。她故意无视行人中投来的几道热烈目光，继续迈着婀娜的步子前行。她知道这样的自己是非常美丽的，而这样的美丽也很久没在她身上出现过了。因而，这样久违的目光让她觉得更为享受。

一个年轻的男咨询师李承轩，长得不算帅气，可眉目间却有一种打动人的温柔，他说话的声音也是那么柔和。陈逸芸还清楚地记得他在听完自己一把鼻涕一把泪的诉说之后，轻轻问她："陈小姐，刚才我听你说了这些生活中发生的事，我一边听，一边在思索，这些是你来找我的真正原因吗？如果不是，那到底是什么原因让你来找我分享你的生命故事呢？现在我想到了。"

当时，陈逸芸用纸巾擦擦鼻涕，抬头疑惑地看着他问道："那你说是为什么？"

李承轩继续说："你只为了一个原因来找我，因为你过去35年的生活让你不满意，让你每次回想都会忍不住悲从心起。在你内心有一种强烈的恐惧，你害怕自己未来几十年也会像过去一样糟糕，甚至更糟糕，所以你来找我，希望自己别再重复过去的生命路线。"

他话中的每一个字都烙印在陈逸芸心里，在过去的一个星期里，这些话无时无刻不在她脑海中回响，让她的眼泪一次又一次像听了这话时一样控制不住地流下来。

在没有来接受心理咨询之前，她内心彷徨不安，不知道自己应该从何处着手，她觉得自己已经陷入绝境了。当他的话语如阳光般从她心中的重重迷雾中透过一丝光亮时，她本能地想抓住这丝光亮，让它带领自己离开这无边的黑暗。可是，他真的行吗？

是啊，他真的行吗？陈逸芸理了理肩上银色挎包的带子，顺着街道拐了一个弯。往前再走一条街就是她的目的地——李承轩的咨询室了。望着那里，陈逸芸忍不住又分神了。

那天，他看着她的眼睛，很认真地说："今天，你走进咨询室，我们就开始了一段分享彼此生命故事的旅程。在一段时间内，我将和你一起去探索，看看要怎么样才能够让我们未来的人生不至于像过去那样糟糕。我们一起努力，好吗？"

孩子饿了就要吃东西

陈逸芸如约来到了咨询室，这是她的第二次咨询。看到她简洁时尚的装扮时，李承轩也眼前一亮，微笑着和她打招呼。

坐定之后，李承轩微笑着说："上次布置的作业你带来了吗？"

"带来了。"陈逸芸从挎包中拿出一沓纸，放在面前的小茶几上。

李承轩要求陈逸芸在每次咨询结束之后，都要完成家庭作业。好久没有做过作业的陈逸芸觉得好新鲜，仿佛又回到了纯真的学生年代。面前是一沓"此时此地情绪画"，她就像小学生那样，每晚都认真地画出自己当天的感觉和情绪。虽然她不会画画，但李承轩说过，随便涂鸦也行，只要用心感受自己内心情绪的颜色和形状，想涂什么就涂什么。

李承轩从茶几上拿过那些画，仔细浏览着，感受着她画中的情绪。他一边看一边说："现在，你愿意和我分享一下你作画时内心的感受吗？比如整个作画过程中的思考、情绪上的波动，等等。"

陈逸芸说："我在做作业的过程中，不断地思考'画画真的有用吗'这个问题。我不知道画画是不是真的能够帮助我解决自己的问题，同时，画画的过程会觉得很伤感。觉得自己活到现在，好像都把时间浪费在自我挣扎上面了。我常常觉得自己就像生活在一堆乱麻里。"

说到这里，陈逸芸停顿了一下，看了看李承轩认真倾听的双眸，接着说道："有一次，孩子看了我的画，她说，'妈妈，为什么你的画总是黑黑的呢？'当时我一下子愣住了。当我重新拿起自己的画细看时，感觉自己就像面对着一个又一个旋涡。那些没有其他颜色的画，就像是我的内心，一片黑暗和混乱。"

李承轩点点头，说："我看到你最后这张画，已经多了些温暖的颜色。在你的画中，我看到了你的改变和突破。"

"是的，我也感觉到了。听了我女儿的话之后，我画画时，能够感觉到自己的情绪随着画笔在纸上流动。过去我对情绪根本感觉不了。"

"你一直都这样？"

"不是，以前我能够感觉得到的。但是后来，我变得不轻易表达情绪了。有时候内心明明有感动，或是愤怒，我也压抑着不去表达。"

"在生活和工作中，我们有时候可能会不得不掩饰自己内心真实的情感，久而久之就形成了一种模式。情感来临时，它就自动地躲在背后了，我们往往很难看到真实的它。"

"是的，但是我发觉近年来我已经压制不住了。我失控的次数越来越多，在面对一些人的时候，发脾气已经成了家常便饭。"

"假如把你的内心比作一个容器，情绪比作某种物体。当你不断地把这个物体装入那有限的容器的时候，最后容器会怎么样？"

"装不下去，会流出来。"

李承轩点点头。

陈逸芸说："我决心来做咨询，也是希望能够为自己的情绪找到一个出口。这样说，我是不应该继续控制自己的情绪了，是吗？"

听到这里，李承轩站起身来在白板上画了一个圆圈，然后在圆圈的中间画了一条分界线，他在左边的半圆里写上"个性"，在右边的半圆里写上"情绪"。写完之后，他转身问陈逸芸："你觉得，如果我们把人分成理性的自我和感性的自我，哪一边属于理性，哪一边属于感性？"

陈逸芸说："我的理解是，理性的区域是在'个性'这边，感性的区域是在'情绪'一边。"

李承轩点头："没错，你说得很对。现在，让我们来想象一下，如果把其中一个比作大人，另一个比作小孩，你觉得哪一个是大人，哪一个是小孩？"

陈逸芸说："我觉得'情绪'更像一个小孩子，'个性'更像一个大人。"

李承轩说："是的。既然情绪是一个小孩子，那么就不要试图和情绪讲道理，小孩子都是重感受的，他们能够理解的道理是很少的。"说完，他顺手在个性一边写上"大人"和"讲道理，重逻辑"，在情绪一边写上"孩子"和"重感受"。

陈逸芸坐在一旁看着他不断地写写画画，内心感触良多。自己的情绪的确就像一个孩子，一个非常顽皮到处惹是生非的孩子，有时候自己简直对它无能为力。

写完之后，李承轩回到对面坐着，轻轻地问陈逸芸："当你看到这个图的时候，内心有什么感受吗？"

"我感觉，个性就如同一个喜欢讲道理的大人，他以自己的经验来告诉小孩这个不能做那个不能做。而情绪不过是一个注重感受的孩子，他无法理解大人的话，不明白为什么有些事情不能做。也就是说，我常常忽略了情绪本身。"

李承轩说："这还不是最核心的。最核心的是你要怎样让情绪变成一个好孩子、乖孩子。过去，你都用什么方法来'管教'它？"

陈逸芸说："当某种情绪产生的时候，我首先会觉得，有这样的情绪不应该。比如愤怒的时候，我会要求自己去理解别人；悲伤的时候，我会要求自己不要软弱；当感觉到温暖的时候，我会跟自己说，别受了一点点好处就恨不得把心掏出来，这样做是很幼稚的，人家根本不需要你这样做。"

李承轩理解地点头："我们现在知道了，情绪就像一个孩子，当它有愤怒的时候得不到表达，当它有悲伤的时候不能放声哭泣，当它觉得温暖的时候不能被别人知道。于是，它变得越来越愤怒，越来越悲伤，越来越和别人疏离。你知道，孩子长到一定岁数，会进入叛逆期。情绪这个孩子也不例外，它越来越想要实现自己。它会用一种自己的方式去表达出来，你意想不到的方式，你也控制不了的方式。当它这样做的时候，就开始影响你的生活和人际关系。它总会在不适合的场合出现，让你陷入困境。是什么原因让它变成这样的呢？"

"是因为我把它控制得喘不过气来。"

"对，是因为用了控制的方法，而不是和它沟通。你想一下，如果一个孩子因为饥饿而哭泣，你却跟他说，别哭了，没看见我正在忙吗？这有用吗？"

陈逸芸摇摇头问："这样没有用吗？"

"当一个小孩哭着告诉你他肚子饿了，你认为他想要得到什么？"

"食物。"

"对啊，结果你给了他什么？"

"我什么都没有给他，反而要他理解我。"

"那你应该怎么做？"

"我应该找点东西给他吃。"

"对啊。同样的道理，当悲伤来临的时候，你叫它回去，不要出来，你想它真的会心甘情愿地回去吗？它消退了，其实却隐藏在你的心里徘徊，看能否找到适当的时机发泄。"

"那么，也就是说，我开始有了悲伤或愤怒情绪的时候，是可以表达的，是吗？"

"是的。"

"我经常表达愤怒的情绪啊，但是后果很糟糕！"

"表达是有很多方式的，对不对？行为表达是一种表达，语言表达也是一种表达。如果你觉得自己以前的方式不是那么适合，你为何不换一个更温和一点的方式呢？"

陈逸芸想了一下，觉得很有道理："也就是说，如果我觉得很愤怒，我可以跟对方说我觉得很愤怒，而不是对着他破口大骂？"

李承轩说："对，用这样的方式来表达，对方会更能理解和接受。只要你的情绪被接受，它就会慢慢地平息下来。"

陈逸芸听到这里，内心有一种豁然开朗的感觉。

的确，在很多时候，她痛恨自己无法控制自己的情绪，阻碍了自己的亲密关系发展或者让其他的人际交往出现困难。越是这样，她就越避免和别人去交流。但是为了生存，她还是得回归社会，于是，她开始寻找各种对付情绪的方法，却发觉收效甚微。而今天，她终于知道，是什么原因让自己的情绪变得难以控制，以后，自己只要懂得怎么去表达情绪，生活起来，应该就会更加顺利一点。

想到这里，她不由得站起身来，对着李承轩鞠了一躬："谢谢您给我指点了迷津，让我受益良多。"

李承轩说："这些收获，你需要用心地去体会，慢慢地让它们真正成为自己的一部分。我相信，在你下次做作业的时候，对情绪的感悟，会更深刻一些。"

每人一个炸弹——不公平

　　当晚，她躺在床上，怎么也睡不着，李承轩说的话，不断地在她的耳边回旋。她觉得，自己的情绪也像一个宇宙空间，不过这个空间里面存在的不是各种星体，而是各种情绪。有恐惧、有焦虑、有愤怒、有内疚，有喜悦、有惊奇、有期待，等等。所有的情绪，在情绪的空间里不断地酝酿和交织，与生活中的每一件事情相互对应，相互影响。

　　回想这几年自己走过的路，那曾经经历过的情节一幕一幕地浮现在自己的眼前。于是所有的痛苦和欢乐，随着记忆的唤醒而重新在心里回落。

　　她发现在这几年，真正让她觉得开心的事情一件也找不到，她的生活中、生命里，总是充满着不和谐和伤悲。

　　无论是在和前夫相处的过程中，还是和父母相处的过程中，温暖和爱的感觉竟然很少见。究竟是彼此都不懂得表达，还是因为自己被情绪蒙蔽了眼睛所以看不见？

　　为了填补心灵的空虚，她不断地接受别的男人的追求，也从不拒绝别人提出的性要求。她花了大量的精力去掩饰和维护那些关系，唯恐被别人识穿，她在内心深处一次又一次地鄙视自己，她不知道自己究竟为什么会变成这样。是因为自己需要爱吗？但是那些关系，真的是出自爱吗？如果真的是爱，那自己的心里为什么从来得不到满足，从来没有温暖和踏实的感觉，而是越来越不踏实？想到这里，她再也控制不住趴在床上大哭起来。

她不禁想，如果时光还能够重来，我一定要改变原来的方式，为自己重新活一次，好好地活一次。

这个星期，她又画了好几张情绪画。在看那些画的过程中，陈逸芸发现自己的心理空间是一个比例失调的空间。在自己的画中，她大量地选择了一些黑色和灰色，并且把这些颜色大片大片地涂抹在画纸上，就像是一团团暴风雨来临之前的黑云。

以前她对自己内心的情绪从来没有做过丝毫的辨别，现在，看着眼前的画，她知道，当自己选择了一些灰暗颜色的时候，是代表着内心有负面情绪，而且负面情绪占据了情绪空间的大部分，最多的就是悲伤。虽然在生活中，悲伤被自己很好地掩饰了，但是在画纸上，它们却再也无处可逃。

面对这些画，她察觉到自己的情绪空间内部的正面情绪和负面情绪分布得严重不均匀。这是个令人沮丧的发现，但她却觉得很开心。因为这就说明，她已经找到了直面这些情绪的方法，并且能够坦然面对自己的情绪，而不再是假装这些情绪不存在。同时，这些情绪也终于找到了表达的渠道，从内心空间里面释放出来，不会再像过去一样，被满满地堆积在内心世界里，重重叠叠，发霉，生锈，腐朽。

她看完了那些画之后，静静地坐在椅子里，闭上眼睛，搜寻自己生命中的每一个人，追溯着这些负面情绪的来源。

这些负面情绪就像是一个炸药包，不只她有。事实上，每个人都有一个这样的炸药包，每个人都像是天生的炸弹制造者，每个人仿佛都不甘示弱。

炸药包里的炸药，就是被我们压抑下来的情绪。每一次我们把情绪压制下来，都等于是把炸药压缩到包里，让炸药包的威力不断加强。最后，到了再也装不下去的时候，"砰"的一声爆炸，炸得自己和别人都遍体鳞伤。

想到这里，陈逸芸不禁开始思索，自己究竟是从什么时候开始学会制作炸药包的？这种能力一定不是与生俱来的。

于是，她想到了自己的父母。父母亲在她的童年时期就经常因为一些生活的琐事发生争执。那些争执的画面她有时候都不愿意想起，一想到就会觉得难受。也许，正是从那个时候开始，自己已经在制造炸药包了。

小时候每次看到父母争吵，就会暗地发誓以后一定要找一个自己心爱的人，一定不会重复他们过去的生活模式，一定要过得比他们开心。但是，现在回过头，却发现自己处理婚姻中的问题，并没有比父母高明多少，为此，她对自己相当不满意，却又不愿意面对这样一个事实。于是，炸药包变得越来越大，终于因为自己再也无法承受而爆发。这样的模式，被一而再，再而三地运用，自己总以为这就是自我保护最好的武器，是一件可以致命的法宝，却不知道，原来自己也已经被这样的一个炸药包炸得支离破碎。

咨询间隙的这几天里，陈逸芸每一天都在思索着，疑问也因此而生。她把这些思索和疑问写成日记，盼着和李承轩的再次见面。

看完日记，李承轩抬起头微笑着对陈逸芸说："恭喜你，陈小姐。看了你的日记，看到你不断发生着新的变化，我真的很开心。从这篇日记看，你对心灵成长的悟性非常高，我相信你的努力会让探索心灵的旅程走得更顺利。你自己有这样的感觉吗？"

陈逸芸说："我没有怎么感觉到，不过我觉得自己最近好像和以前不同了，越来越喜欢思考，而且思考的角度已经变得越来越宽。"

"那就好。接下来，我们做的事情是换一种方式来表达情绪。"

陈逸芸看着他，一脸诧异地说："还有其他的方式啊？"

李承轩看到她惊奇的样子，不禁笑了起来，露出了洁白整齐的牙齿，说："你知道，我们的生活是多元的。同样的道理，表达情绪的方式也可以是多元的。先前我们用画画的方式来表达情绪，今天我们要尝试一下用新的方式。"

说到这里，他停顿了一下，问："不知道你之前有没有操作乐器的经验？"

陈逸芸说："上学的时候在学校的社团里学过一些，会弹吉他。但是已经很多年没有弹了，现在恐怕都忘记了。"

"那没关系，反正我们今天也不弹吉他。并且，也不需要你一定懂得弹奏乐器。"

听到这里，陈逸芸不禁露出疑惑的神色。

李承轩看着她疑惑的样子，又笑了一下，说："就如先前的画画一样，你不需要懂得如何构图、上色，一样可以画一幅画，把自己的情绪给表达出来。音乐也一样。"

说到这里，他站起身来，从书桌后面拿出一个梯形的盒子，放在地板上，然后把盒盖打开。盖子打开之后，陈逸芸看到里面放着一个木头做的架子和几块长短不一的石块。她很好奇地看着李承轩把架子放在他们面前的茶几上，然后把石块有规则地摆在架子上。

摆好之后，李承轩又从墙角拿出一面小鼓。他重新坐下来，把鼓放在自己的膝盖上，对陈逸芸说："这个琴，我不知道叫什么名字，是我无意中买到的。因为是石头做的，就姑且叫作石琴吧。现在，我们来一次即兴表演，我要跟你合奏一曲。在合奏的时候，你尽管敲击你的石琴，不必受我的鼓声影响。这次演奏的主题叫作'情绪的歌声'。也就是说，我们透过乐器，把情绪给释放出来。所以，我们现在要做的事情，就是认真地体会音符从我们的心上走过之后，自己内心情绪情感的变化，然后把这种变化通过音符表达出来。你无须考虑音节、音律，只需要去体察自己内心的情绪，弹奏出你内心的歌声。怎么样？可以做到吗？"

陈逸芸看着坐在自己对面拿着鼓棒、一脸认真的李承轩，内心也不由得兴奋起来。她还不知道，原来心理咨询可以这样进行。一直以来，她以为心理治疗就是不断地谈话、不断地翻阅过去、不断反省，但显然李承轩喜欢用更灵动的方式。

想到这里，她坐正身体，把石琴往自己这边挪了一下，然后拿起放在琴边上的木制小锤，往石琴上轻轻敲。石琴发出"叮"的一声清脆的声音，像是某个幽静的山中泉水流过石缝的响声，非常悦耳。于是她忍不住又敲了一下，再一下。

李承轩在这个时候也开始用手轻轻击打鼓面，发出"唰……唰……唰"的声音。陈逸芸此时正沉浸在悦耳的石琴声中，突然听到李承轩那低沉的鼓声，内心震了一下，像是受到了某种打击一样。她下意识地想要去制止李承轩的敲击，但是想到他刚才说的话，她不用理会他怎么敲打，只需要自己全心投入，去体察自己的情绪，并把情绪通过石琴的声音表达出来。想到这里，她不禁在敲打的时候加大了力度，仿佛要对抗李承轩的鼓声一般。

李承轩仿佛没有听到她的琴声一般，依然用同样的力度和速度敲打着鼓面，鼓声虽然低沉，却充满了力量。

陈逸芸听着这个和琴声格格不入的声音，觉得心烦意乱，好几次甚至都忘了敲击石琴，只想着要怎么样敲击才能和李承轩的鼓声抗衡。甚至，在试了几次依然听到李承轩那丝毫不变的鼓声时，内心充满了无力感和委屈感。她觉得自己的世界被入侵了。

她再也忍不住，抬眼看李承轩，却发现他也正看着她。当两个人的眼神互相碰撞时，她看到了李承轩眼睛里流露着温和坚定的神色，不由得怔了一下。忽然间她觉得灵光一闪，李承轩那一直没有变过的鼓声，就正如自己现在所处的环境。一直以来，自己都试图想去改变它们，结果，虽然付出了努力，却徒劳无功，反而把自己弄得伤痕累累。如果环境是不能够改变的，那自己该怎么办呢？一直就这样纠缠下去吗？纠缠的结果，必然是重复以往的日子。那么，为什么不改变自己去适应这样的环境呢？而自己想要得到的结果不正是希望改善现状吗？既然改变自己也可以达到这个效果，那么为什么还要坚持去改变环境呢？

想到这里，她改变了自己敲击石琴的力度，渐渐地，她的琴声和李承轩的鼓声糅合在一起。

当她听到两种不同的声音和谐地交织在一起时，内心不由得一阵感动，热泪顷刻间从眼眶中流了下来。于是，她停止了自己的演奏。

李承轩也停止了敲击，看着陈逸芸，说："在这个过程中，你感受到什么了？"

陈逸芸说："开始的时候，我总是想要去对抗你的鼓声。后来我见你纹丝不动，就想到了自己所处的环境，我总是希望我可以脱离这样的环境，因为它让我变成了现在的样子。可是，后来我又想，也许是因为这样的我，才造就了现在的环境。过去我总是希望改变环境，但是结果不尽如人意，现在我会想，也许要改变的是自己。就像我自己的情绪一样，过去我总是试图去掩饰自己的情绪，希望它消失。但是，情绪是永远都不会消失的，就像你那坚定的鼓声一样。于是我不再去对抗你的鼓声，而是去接纳，去跟随。后来我发觉当我放弃了对抗的时候，两种乐声交织在一起，听起来非常优美和谐。我想，如果我以前就知道用这样的方式，我今天也不会备受困扰。"

听到这里，李承轩高兴地笑了："听到你的分享，我觉得非常开心。这就说明你对自己情绪的了解又加深了点，并且已经掌握了和它相处的模式了。"

陈逸芸被认可之后，也觉得很开心，笑着问李承轩："老师，我需要去买一把琴吗？"

李承轩微笑着摇摇头，说："其实，并非一定得是自己演奏的音乐才对情绪有帮助。现在有很多不错的音乐，对调节情绪都有很好的效果。咨询完毕之后，我给你介绍几首，你回去好好地感受一下。如果你觉得这样不够，想买一把琴，也是可以的，根据自己的需要吧。"

陈逸芸说："好的。"

晚上吃完饭，陈逸芸坐在客厅里画画。突然接到杨浩然的电话，他说自己刚从国外出差回来，给晓媛买了很多礼物，希望她能够抽个时间过去拿。

陈逸芸说："明天下午晓媛放学的时候，你过来接我们回家吧。"

杨浩然惊喜地说："真的吗？我可以看到晓媛吗？"

"是的。我想通了，无论我用什么方法隔开你们两个，你始终是她爸爸，这是改变不了的事实。"

"逸芸，你怎么好像变了？"

陈逸芸叹了口气，幽幽地说："人总是会变的，不是吗？"

第二天下午，陈逸芸来到女儿学校门口，杨浩然显然已经等了好一会儿，正坐在车里开着车窗抽烟，看到逸芸，他咧嘴笑道："我们一起进去，还是你去接她出来？"

陈逸芸说："我去接吧，给她一个惊喜。"

当逸芸看到自己的女儿惊喜地扑进她爸爸的怀中时，眼睛不由得湿润了。她能阻隔他们之间的信息联系，却永远阻断不了他们之间的血缘联系。

晓媛从父亲的怀里脱离出来，看到妈妈站在身后沉默不语，马上低着头一声不吭地回到她身边。陈逸芸看到她的样子，内心更加痛楚，回想自己过去那段因为愤怒和怨恨而无理取闹的日子，她觉得自己真的亏欠女儿太多太多。

于是，她蹲下身子说："媛媛，以前是妈妈不好，以后妈妈不会再阻拦你和爸爸见面啦。你想什么时候见他就什么时候见他，只要他也有空。"

晓媛猛地抬起头来，睁大眼睛看着她说："真的吗？"

陈逸芸笑着点点头。

晓媛突然在原地跳了起来，围着她和杨浩然打转，嘴里不停地说："我有爸爸咯，我有爸爸咯！"

见到如此高兴的女儿，她的眼泪再也忍不住了。此时，她感觉到自己被搂进一个温暖的怀抱里，她泪眼婆娑地望着杨浩然说："我真对不起孩子。"

杨浩然也湿润着眼睛说："不是你，是我对不起你们。"

见到女儿和杨浩然难分难舍，她答应了杨浩然的邀请，和他一起吃晚饭。在晚餐的时候，陈逸芸看到女儿兴高采烈的样子，不由得内心又一阵唏嘘。

晚上，她坐在女儿的床前，望着她梦中都带着笑的小脸，想起今天自己的表现，突然发觉当自己认识到杨浩然是女儿的父亲这个事实时，自己的心里居然没有了愤怒和怨恨的感觉。她想，自己的情绪炸药包里面的炸药已经开始找到出口。

汪汪的委屈

早上八点半，陈逸芸站在已经挤满人的公交车站台上等车。她远远看到 128 路公交车向着车站开过来，于是从包里拿出 IC 卡，准备上车。

车到站后，车门刚打开，周围的人就蜂拥而上，把陈逸芸挤到后面。她赶忙后退了几步，即使如此，脚已经被人狠狠地踩了一下。

好不容易等到那些人都上了车，轮到她了，她刚刚踏上踏板，就听见那司机说："要上就上，不上拉倒，慢吞吞的，你脚有毛病啊？"

她一听，气不打一处来。心想这个司机是怎么回事呢？一大早就发这么大脾气，没见刚才人多吗？真瞎了眼。想到这里，她不由皱着眉头看了那司机一下。

虽然心中愤愤不平，但她还是马上刷了卡并找了一个座位坐了下来。

坐在位置上，她的脑中不断地回想起司机的那句话，想起来的时候，内心还有一种很不舒服想要发作的感觉。

她心里想，真是倒霉，一大早就遇到了这样一个脾气不好的司机。本来，今天穿了新衣服上班，觉得挺开心的，结果现在一肚子的愤怒。

她也知道，自己内心的愤怒是司机刚才不礼貌的态度引起的。他把他身上的情绪炸药包扔到自己身上。但是，导致司机情绪爆炸的原因又是什么呢？

回想以往，这样的情况可以说是屡见不鲜。有时候坐出租车，也会看见的士司机因为要等红灯而唠唠叨叨甚至骂人的现象。

他们这样的情绪，是不是都会在路上宣泄掉呢？如果宣泄得不完全，带回家中，那会是什么样子的呢？她不由得开始天马行空起来。

她想象着，一位在外面辛苦奔波了一天的出租车司机回到家，他刚打开家门，他的妻子就从里面走出来迎接他，她一边把手往围裙上擦一边对他说："你回来啦？"

这个时候，那满肚子恼怒的司机没好气地对着老婆说："不回来干吗？死在外面啊？"

司机的妻子没有想到自己好心的问候，会遭到这样的待遇。张张嘴想要反驳，却想到丈夫在外面赚钱不容易，于是就忍了下来，满脸不高兴地回到厨房烧菜做饭去了。

她一边弄着，一边还在想刚才被丈夫无端抢白的事情，心想："什么德行，这个家又不是只有你才工作。我还不是一样出去上班，回家还要烧菜做饭呢，凭什么你像大爷对丫头一样地对我？真是不公平。"

她越想内心越觉得愤愤不平，于是下手变得又重又急，把锅子弄得乒乓响。

这个时候，儿子从学校回来了，他探头到厨房问他妈："妈妈，我的新校服你放在哪里了？明天有领导来学校检查，老师要我们穿新校服。"

他妈妈内心正不舒服呢，听到这个，没好气地说："你自己找去！都长这么大了还什么事情都问妈妈，以后妈妈死了看你问谁去？"

说着说着，眼泪不由得扑簌扑簌地掉了下来。

司机的孩子一看到妈妈流泪，头都大了，心里也觉得特别委屈，这衣服一向都是妈妈帮自己张罗的啊，今天这是怎么了？

想到这里，他垂头丧气地往自己的房间走去。这个时候，家里的小狗汪汪见到小主人回来了，马上跑过来亲热地围着他"汪汪"地叫了几下，希望主人和它玩上一会儿。

谁知道，小主人今天心情不好，见到它过来在脚边纠缠不休，于是狠狠地踢了它一脚，并大声地呵斥说："别烦我，一边去！"

汪汪被莫名其妙地踢了一脚，夹着尾巴老老实实地躲在客厅沙发后面，一动不动地趴着。

此刻，门铃响了，原来是隔壁的老太太过来借点酱油。没想到汪汪一听到有人来了，立刻对着门"汪汪"地大叫，看到老太太进来，还想扑过去。如果不是司机及时喝住，它很可能就扑到老太太身上去了。

老太太惊魂未定地站在门口不敢动弹，好半天才把来意说清楚。司机从厨房里面拿出酱油给老太太的时候，老太太说："这狗的脾气可真是大啊！"

司机听到这里，不由得一怔，内心顿时觉得很不是滋味。

陈逸芸想到这里，不由得抿嘴笑了起来。

笑完之后，她觉得自己内心的愤怒也减少了不少。

从这次的想象中，她看到了一个恶性循环的过程，也看到了一个人的情绪炸药包爆炸之后带来的后果。

虽然，这不过是一个小小的生活事件，可是，如果这样的生活事件越来越多地在这个家庭中发生，那么他的妻子最后会变成什么样的人呢？她的儿子呢？甚至，他们家的狗呢？

她不由得又想起了自己的家庭，自己的父亲母亲和自己，不正是沿着这样的轨迹走过来的吗？

自己有时候也会忍不住把气撒在孩子的身上，这不正是又启动了另一个恶性的循环吗？想到这里，她不由得一阵后怕，自己过去的生活正是和这个司机一样。于是，她告诉自己，从现在开始，再也不会继续用过去的模式生活了。

中午休息的时候，陈逸芸和同事们在休息室一起谈起未来两天要进行企业员工心理培训的事情。

坐在陈逸芸左边的谭美菱说："听说这次培训是和情绪相关的，我看了一下课程表，是教人怎么管理情绪的。其实，我觉得我自己的情绪蛮好的，倒是那些商店的服务员才需要接受这样的培训，她们那些人的服务态度啊，要多恶劣有多恶劣。"

陈逸芸说："我觉得公交车司机和的士司机也需要做一些相关的培训才行，我今天早上就被一个司机莫名其妙地抢白了一顿。"

谭美菱说："可不是。我上次去商场购物的时候还不是一样，我不过是拿了几个不同的商品对比一下价钱和质量。刚好有个售货员陪同，我多问几次，她就很不耐烦地说，'这些商品标签上都写啦，自己看就行了'。当我走开的时候，她竟然歪着嘴巴在一边嘀咕，'没钱就别买啦，买个百来块的东西还比来比去，丢人。'你听听，那都是什么态度啊？"

陈逸芸听到这里，不由得打趣说："总之啊，在我们的生活中，有很多情绪炸弹，一不小心啊，我们都有被炸的危险。这就像是恐怖分子在某处安放了炸弹一样，只要是经过那个地方的人就会遇害，可怜的是死得不明不白的。我们刚才说的司机和售货员就是凶手，我们都是可怜的受害者，虽然没有死，却很受伤。"

大家听到这里，哄笑起来。

谭美菱说："逸芸可真是说到点子上去了。其实你这样一说，倒让我想起，司机和售货员其实还真不只是态度的问题，更多的是他们自己的情绪控制不好的问题。一个人情绪不好，态度自然恶劣，再糟糕一点就是直接把情绪发泄到别人身上去了。"

陈逸芸说：“是啊。所以，控制情绪是很重要的。一个人情绪不好，身边的人也跟着受罪。”

谭美菱说：“看来这次的心理培训，我们还是得好好地学习学习啊，我之前还一直以为没有用呢，看来是我想得太简单了。”

陈逸芸说：“反正是免费的培训，我们就学学，说不定学会了对自己的家庭还有好处呢。”

谭美菱说：“可不是。”

下班之后，陈逸芸没有回自己的家，而是去了女儿的学校，她今天打算亲自去接女儿回家。平时这个工作都是自己父亲做的。

她到学校的时候，看见父亲已经等在那里了，正翘首往学校内张望呢。校园里，学生们三三两两地走出来，准备跟大人回家。

她来到父亲的身边，叫了一声：“爸。”

陈庆标听到声音转过头来，说：“小芸，你怎么来了？”

陈逸芸说：“我中午打了电话跟妈说今晚回家吃饭，下班的时候看还有时间，就来接晓媛下课了。”

陈庆标说：“晓媛昨晚还说打电话给你，问你什么时候回家呢。自从你上次带她去见她爸爸之后，已经差不多有两个星期了。”

陈逸芸有点心虚地说：“我这最近忙呢。这不，不忙了我就来了。”

陈庆标说：“你的那个咨询，进行得怎么样了？”

陈逸芸说：“进行很顺利。爸，这些日子，辛苦你和妈了，帮我带晓媛，我……”说到这里，她哽咽着说不下去了。

这样的话，她以前从来没有对父亲说过。虽然她面对父亲的时候，总觉得比面对母亲容易，但是在父亲的面前表达感情，对她来说还是很困难的事情。她无法分辨在表达感情之前，让自己张口欲言又恢复沉默的那种情绪是什么。是羞耻，内疚，还是恐惧？她真的不知道。可是每次当她把话吞回肚子里的时候，她就会觉得自己像是吞食了一坨铅一般辛苦。而这次，她终于可以把话说出来，她觉得轻松无比。

陈庆标轻轻地叹了一口气说："只要你好起来，我和你妈辛苦点也没有关系。我看，你这次气色好多了，我也觉得开心。"

陈逸芸擦了一下眼泪，笑着说："是的，我会再努力的。为了你们，为了晓媛。"陈庆标张嘴还想说什么，只听见一声大喊"妈妈！"

一个小小的身影从校门里蹿出来，扑在陈逸芸的身上。

陈逸芸一把抱住女儿，感受到久违的亲热，眼泪忍不住流了下来。

杨晓媛看到这样，狐疑地看看外公，陈庆标说："你妈妈想你想疯啦，看到你高兴得哭了。"

晓媛于是抱着陈逸芸的腰说："我也想妈妈啊。你有空经常回来不就可以了吗？"

陈逸芸蹲下身子，紧紧抱住她说："妈妈以后一定会经常回家看你，妈妈答应你。"

陈庆标对陈逸芸说："好啦好啦，你看看你，都是孩子的妈了，还像小孩子一样。快点回家吧，要不你妈又唠叨个没完，说我带晓媛到处跑。"

陈逸芸站起来，擦干眼泪，拉着晓媛的手，跟在父亲的身边，向着家的方向走去。

这么多年来第一次，第一次她感觉到，她面对着家人的时候，内心没有抱怨和不耐烦。这么多年来她第一次感到有家人在身边走着，是这么幸福。

胃痛不一定是胃病

周六，为了准备星期一开会用的资料，陈逸芸回公司加班。从中午开始，她的胃部就开始隐隐作痛，像是有一根看不见的线在牵扯着自己的胃壁一样。她以为是没吃早餐引起的，于是赶紧下楼买了个面包充饥，但胃痛的程度却有增无减。到了下午四点完成工作的时候，她已经痛得浑身无力了。

她瘫坐在自己的位子上，用手按住胃部，只觉得那个原本是轻轻牵扯胃壁的线仿佛变成了一个小钻头，在胃壁上狠狠地钻着，发出尖锐的刺痛感。她慢慢收拾好东西，挣扎着来到公司附近的一家小药店，买了止痛药服下。半个多小时后，疼痛的感觉才渐渐平复了下来。

上个星期她才去医院照过胃镜。当她拿到检验结果时，医生却说根据报告显示，她的胃部一切正常。在确定自己没有患病之后，陈逸芸感觉内心的一块大石头终于放了下来。但同时她又觉得奇怪，为什么报告上显示正常，自己却时不时就闹胃痛呢？医生对这个情况也没有办法解释，只是叫她以后注意饮食，三餐准时。

这时，已经回到家的陈逸芸虚弱地靠在床上。经过胃痛的折磨，她的身体无比疲乏，但思想仿佛更清晰了。她突然想到，俗话说病由心生，如果自己胃痛不是因为胃部出了问题，那么会不会和自己的情绪有关呢？自己经常处于焦虑状态，是不是产生胃痛的原因呢？

星期二，陈逸芸又准时坐到了李承轩的对面。这一次她穿着米白色套装，长发用一根木质的发簪盘起，显得优雅而美丽。

李承轩问道："这几天感觉还好吧？"

陈逸芸说："挺好的，我觉得自己好像被疏通员清理过的水管一般，整个人都轻松了不少。"

李承轩笑着说："想不到我还成了管道清洁工了。"

说完这句话之后，两个人不由得相视笑了起来。

带着微笑，李承轩说："那么，这一次，你想要和我谈谈什么呢？"

陈逸芸说："这一次我想谈谈我的躯体化问题。"

李承轩眼睛一亮："真了不起，都用上专业名词了。"

陈逸芸听了他的话之后，不禁莞尔一笑，说："我本来也不知道什么叫作躯体化。前几天在公司加班，我又犯了胃痛的毛病。我刚做过胃镜，医生说什么事都没有。我就突然想到'病由心生'这个词，这是不是和我的心理状态有关呢？于是我就上网查了查，知道了'躯体化'这个名称。不知道我的理解对不对，躯体化就是说有些不好的情绪如果长期得不到释放，就会转化成身体上的一些病痛。"

李承轩一边点头一边说："你理解得很正确。我一直都感觉到你的求知欲很强，这非常好，会让你更快地了解自己。那么，现在你来和我谈谈，你的躯体化症状具体有哪些，好吗？"

陈逸芸说："我还在很小的时候，就有头痛的毛病。从什么时候开始的，我已经不记得了。小时候爸爸妈妈以为是发烧感冒引起的，也没有在意。每当头痛的时候，就带我去看医生，吃药打针。这几年，头痛少一点了，可是又胃痛了，这是以前没有过的。"

李承轩听了之后没有出声，点点头表示了解。

陈逸芸说："我觉得，这些是有规律的。每当我心情不好或者是很焦虑的时候，各种症状就会表现出来。我记得最清楚的一次，是我和我的第二个先生，为了要不要接他妈妈过来住的事情争吵，吵得很厉害。他坚持要接自己妈妈过来住，尽孝心。但是那个时候我身体不好，而且特别怕吵闹，所以就说等我养好身体再接过来。他不听，用很难听的话骂我，那时候我就觉得好像有人在脑袋里面大力地敲打一样，痛得都站不住了，后来倒在地上。当时我们两个人都吓坏了，赶忙到医院检查，也没有发现什么异常。"

李承轩沉吟了一下，说："当时你不知道，现在，你明白是怎么回事了吧？"

陈逸芸说："是的，现在我基本上明白了。我应该找一个正确的方法去解决我的情绪问题，而不是让情绪在心里交织成一团乱麻，越积越多，最后不得不以躯体化的症状表达出来。"

李承轩点点头："我听了你的讲述之后，发现你已经对自己的情况了解得更加透彻了，首先恭喜你。那么，我今天就给你安排一个放松练习，这个练习会让你目前的情况有所改善的。"

陈逸芸好奇地问："是催眠吗？"

李承轩微笑着摇摇头："不是催眠。放松主要是对身体而言。现在，我先跟你说明一些原理。我们的身体和心理两者之间是相互影响的，比如你现在说你的情绪影响到身体，令你不适，但是有时候身体不适也同样影响你的情绪。我们通过身体去释放我们的情绪，同时也通过情绪来表达我们的身体。所以我现在要采取的方式就是让你的身体放松下来，当身体的肌肉放松了以后，心里的情绪自然也会跟着有所缓解。比如说焦虑或恐惧的强度，会减轻一些。你告诉我，你是不是经常觉得身上的肌肉很紧张？"

"是啊。特别是遇到什么事情的时候，我背上的一些地方特别紧，紧张到甚至有肌肉僵硬的感觉。"

"如果我们身体是可以收放自如的，肌肉是可以做到随着情绪的变化而调整的，那么我们的情绪就能改善，情绪改善了，躯体化症状也就消失了。现在，我教你一套肌肉放松法，很简单，也很容易操作。"

"放松训练就在这里进行吗？"

"是的，现在，你找一个自己感觉最舒服的姿势坐好。两个脚底请踏在地板上，保持和地面接触。"

陈逸芸赶紧调整了一下自己的坐姿，以自己觉得最舒服的姿势坐在沙发上。她刚刚把眼睛闭上，耳边就传来一阵柔和的音乐声，李承轩温柔的声音也轻轻传过来。他的语调非常柔和，仿佛是一阵春风吹拂而来："现在，请你调整好自己的呼吸，集中自己的注意力，关注自己的脚趾……"

陈逸芸按照声音的指示，把意念集中在自己的脚趾上。

"你感觉到你的脚趾放松了下来，慢慢地变软，扩展，肌肉没有那么紧了……你全部的脚趾都变得很松。现在，你把你的注意力放在你的整个脚上面，你会发现你的整个脚底板都变得很松，血液在里边自由地流动，每一寸肌肤都开始张开……"

陈逸芸觉得自己好像是一件被别人扔在墙角多年的器皿，身上已经布满了尘灰。现在有一个人正拿着羽毛扫帚轻轻地扫着她的全身，扫去她身上厚厚的灰尘，让她变得就像是新买回来的一样光洁动人。随着那个声音，她又觉得自己好像化成了轻烟一般。最后，她好像已经听不到李承轩说话了，只觉得自己躺在一团软绵绵的棉花里。那些棉花就像是一双双温暖的手，逐渐地化解着她身体上的力道，那些平时紧绷的神经在一点一点被瓦解……

不知道过了多久，陈逸芸的耳边传来李承轩清晰的说话声："好了，你现在慢慢睁开自己的眼睛，慢慢地活动一下你的身体，然后，轻轻地坐起来。"

当她坐起来之后，就看到李承轩站在身边，微笑地看着她："你现在觉得怎么样？"

"我现在觉得很舒服，好像美美地睡了一觉。这一觉醒来，仿佛身体内部的垃圾全都清空了一般。"

"这个方法，你回去之后，也可以反复练习。做放松训练的时候，你可以听一些舒缓的音乐。"

"可是，我不知道该怎么做。"

"我现在给你一个示意图，你照着图上的指示，自己练习就行了。每天坚持做半个小时，连续做半个月。你就会发现身体慢慢地展开了，你的情绪就会蒸发。"李承轩说完之后，交给陈逸芸一张图，陈逸芸接过来一看，图上画着一个人形，用红点标示着一些经络和穴位。图的下面，密密地写着几行字。她细细地看了一下，发现正是刚才李承轩对她说的那番话。

"那真的很神奇，当我睁开眼睛时，觉得自己好像焕然一新，由内到外，都一尘不染。"陈逸芸坐在一间茶餐厅里，边吃着套餐，边兴高采烈地向坐在对面的男人说道。

那人说："心理学本来就是一门神奇的学科。既然这个方法对你管用，那么你就按照这个方法认真去练习。"

陈逸芸说："是的，李老师说只要坚持一段时间，我身体和心灵之间的连接就会打通，身体上的一些病痛就会减少，甚至会消失。"

那人听到这里，很高兴地说："那就好了。真希望你能够快点好起来。"

陈逸芸歪着头斜睨着他："怎么？过去的我太恶劣，让你受不了是不是？"他望着她的眼睛，一字一句地说："无论你从前是什么样子，我从来都不会觉得受不了，只是心疼你那样。所以，我迫不及待地想看到你全新的样子。这样，你才会活得幸福，活得开心。"

陈逸芸拿起茶杯喝了一口茶，笑着对他说："哪怕我好了之后离开你，也没有关系吗？"

那人没有再说话，只是一言不发地把放在自己面前的茶一口喝下。

陷入哀伤的旋涡

七月的一天，陈逸芸出差回到广州，回公司报到之后，就风尘仆仆地往家里赶。这次的行程非常顺利，原本预计要半个月才能完成的工作，提前几天就完成了。出差在外已有 10 天，陈逸芸归心似箭。就算有富余时间，且美景当前，她也不想继续逗留，只想快些回家。

她没有打电话告诉段君她今天能回来，因为打算给他一个惊喜。

到家门口已是下午 3 点，她心里盘算着，回家休整一下，再去超市买菜，还来得及做一顿丰盛的晚餐，等段君下班回家来吃。这 10 天出差在外，餐餐都是从简，让她非常想念自家的美食，还是家里的饭菜最好吃啊。想到这里，陈逸芸的口水都要流下来了。她一边咽着口水，一边用钥匙打开门，正把拉杆箱往屋里拖，突然抬头看见客厅地板上散落着几只鞋子，她不由得僵住了。

因为那些鞋子显然是匆匆忙忙脱下来的，而且，除了段君的皮鞋之外，还有一双红色的高跟鞋。陈逸芸一眼就可以看出，这双鞋子并不属于自己。

卧室的门本来虚掩着，此刻，似乎是听到她发出的声响，段君从房间里面冲了出来，看到她之后，吓了一跳，马上又冲了回去，锁上门。

陈逸芸看到地上红色的高跟鞋之后，心里已经大概明白了是怎么回事。但是当她看到段君光着上身只穿着一条裤衩就走出来的时候，还是忍不住愤怒得浑身发抖。

她一动也不动地站在客厅中央，不知道自己该做什么，脑子里是一片空白。恍惚地站了一阵，陈逸芸才像突然醒过来似的，冲上去用拳头捶打着卧室房门，哭着吼道："出来！段君！你给我死出来！"

房间里面依然没有动静，她却已忍不住哭倒在地板上。她真是觉得委屈极了，自己为了这个家辛苦工作，整天东奔西走，结果到头来却要面对丈夫的背叛。

她又想起自己过去两段失败的婚姻经历，她不知道生活为什么一次又一次地和她开玩笑，她不知道自己上辈子究竟做错了什么事情，要遭受这样的惩罚。

等她从悲伤中清醒过来的时候，她发现，那个女人已经悄悄地溜走了。只有段君一个人坐在客厅的沙发中，闷头抽烟。她知道，段君现在明目张胆地把那个女人往家里带，显然是已经认识有一段日子了。那么，极有可能每次当她出差离开家的时候，他们就会在一起鬼混。想到这里，她就觉得无比的屈辱。随手摘下自己脚上穿着的鞋子，向着段君扔了过去。

段君正埋头抽烟，冷不防被尖尖的鞋跟扎了一下，额头有一处皮肤被敲破，让他疼痛难当。

他噌的一声站起身来，走到陈逸芸的面前，揪起她的衣领，一巴掌就想要扫过去。

陈逸芸也不哭了，侧着头冷冷地看着他，一言不发。段君看到她冰冷的眼神，最终把她放下来，自己摔门而去。

望着段君的身影消失在视线内，陈逸芸不由得哭倒在冰冷的地板上。她一边哭，一边随手抓着可以抓住的东西用力撕扯着，仿佛只有这样，内心的痛苦才能宣泄出来。

段君当晚也没有回家，从此之后，两个人再次陷入了冷战。

从浙江出差回来之后，陈逸芸拒绝再出差。为此，单位的领导十分苦恼。平时江浙一带的客户都是她在跟进，每次有客户反馈说产品出现问题的时候，她会立刻过去解决，工作努力而且出色。但突然之间她像换了一个人似的，客户的投诉也不处理了，即使处理，也是要么丢三落四，要么态度恶劣，为此给公司添了不少的麻烦。

公司曾针对她目前的情况对她发出警告，并念在她以前的工作表现良好，愿意给她一个机会，让她重新纠正自己的行为，步入正轨。谁知道事情愈演愈烈，后来她发展到每天上班不是迟到就是早退，最终遭到公司的解雇。

失业之后，陈逸芸每天都待在家里足不出户，只要段君在家，就找碴和他争吵。

段君并不是丝毫没有悔过的表现。有几次，他尝试和她坐下来谈谈，希望可以解决彼此之间的问题。陈逸芸自己也觉得，事情要解决，单靠发脾气是不行的，也愿意坐下来好好面对。

刚开始谈的时候，大家都能够做到心平气和，结果不用多久，陈逸芸就开始扯旧账，朝段君发火。段君不愿意再次和她发生冲突，唯有离家而去，有一段时间，几乎不再回家，即使回家也是拿了换洗衣服就走。

这天段君又回家拿衣服，陈逸芸坐在床上，看着他把衣服一件一件地收拾进自己的旅行袋，内心充满了痛苦。过去，他们之间虽然没有山盟海誓，但是起码能够做到相亲相爱，现在，所有的一切就像是做了一场梦一般消散了。过去他对待自己就算不能做到嘘寒问暖，起码也很体贴，而现在，自己就在他的眼前，他却当她是透明人一般视而不见。是不是变心之后的男人都是这样无情，说变就变？过去他们之间的感情，难道没有一点累积吗？还是在最近的冷战中已经消耗殆尽了？今天大家会落到这步田地，究竟是谁的错呢？

段君离开家里之后，陈逸芸躺在床上不吃不喝。她知道，事情闹到这个地步，自己的婚姻一定是没有挽回的余地了。

这段日子，每当想起和段君在一起时的美好生活，她就忍不住哭泣，忍不住地责怪自己，为什么不愿意原谅段君，给他一个机会，也给自己一个机会。

其实两个人在相识的时候，也是情投意合的，她带着惶恐走入这段婚姻，想不到却再一次经历失败。她觉得，当这次的婚姻也走向尽头的时候，生活已经完全被绝望掩埋，她的人生，再也看不到希望的影子了。于是，她木然地坐起身来，打开床头柜，拿出平时积攒的安眠药，全部吃了下去，然后蒙头大睡，等死。

陈逸芸说到这里，叹了一口气。这一口气，让咨询室里面的气氛变得有所缓和，两个人总算从悲伤的气氛中稍稍脱离出来。

"最后，我当然没有死成。那天段君忘记带身份证，回来拿。他见到药瓶子，并且发现我不省人事，立刻把我送到医院。因为送医及时，我捡回了一条命。但是，人虽然救活了，我和他之间的婚姻，却再也救不活了。"

李承轩静静地听完陈逸芸的讲述，在确定她讲完之后，站起身来，在咨询室的白板上面并排画了几个圆圈，并且在圆圈上面分别标明A、B、C，然后用箭头把圆圈互相连接起来。陈逸芸不明所以地看着。

李承轩说："你想想看，你内心那么多的负面情绪，也就是抑郁和悲伤，是从什么时候开始的？"

陈逸芸说："发生了这一连串的事之后。"

"心理学上，前者称为刺激事件，后者称为情绪反应。面对那些事件，当你认为自己无能为力的时候，会产生悲伤的情绪。"

"也就是说，如果我自己能够清醒一点，理清自己的情绪，理性果断地处理事情，就不会产生抑郁情绪了？"

"是的。很多时候，不良情绪的产生，是因为错误的认知。比如，在你刚才的叙述中，你会觉得，自己没有能力再经营好一段婚姻，你的婚姻，不管怎么样，总是会失败的。同时，你有没有想过，在处理婚姻问题的过程中，你采取了什么样的应对方式？"

陈逸芸低头想了一下："我和他争吵。"

"这样的应对方式，有效吗？"

"肯定没效。"

"事实上，失败的婚姻，并不是逸芸你一个人才会遇上的，现今社会，很多人都会有婚姻难经营的感觉。但是，却依然有成功的例子，不是吗？"

"是的。"

"那么，那些成功的人是怎么经营自己的婚姻的呢？他们在婚姻中遇到问题的时候，是怎么解决的呢？他们的应对方式，和他们的情绪之间，又有什么关联呢？"

"也许，他们很理性，在遇到了情感问题或家庭问题之后，能够很快走出来。"

"如果，他们不能走出来，会怎么样？"

"如果不能够走出来，就不能够很快地解决这个让自己觉得难过的事情，就会继续处在悲伤当中，像我一样。"

"你说得很好。我们知道，一个人一旦产生了悲伤的感觉，就仿佛是被泡进了冰水里边，心会逐渐冻结，失去柔软，失去知觉。一些错误的认知就会相应产生，你当时对于这件事情是怎么想的呢？"

"一开始我也乐观过，但是随着我和段君吵架的次数越来越多，我就觉得我再也无法解决这个问题了。我甚至觉得不单我和段君的问题不能解决，以后，就算和别人再结婚，我也一样会陷入这样的旋涡中。

于是我开始怀疑自己的人生，怀疑婚姻是不是还有希望，不断地钻牛角尖。最后，我觉得我的人生是完了，没有任何希望可言了。于是，我就想既然活着已经没有任何意义了，不如死了算了。"

李承轩笑着说："还好你没死，要不然，你今天就不能再次感受到爱情的甜蜜了。"

陈逸芸不好意思地笑了一下："唉，当时就像是有一个魔鬼拉着我前行一样，我都忘却了外边的世界，只活在自己的世界当中，我甚至把电话的插头都拔了。我就认为我已经无路可走，除了自杀。"

"你现在回想起来，有什么感觉？"

"很后怕。还有庆幸，庆幸自己没有死成。"

李承轩点点头，说："那么，我们现在来做一个假设，如果你需要重新面对这样的事情，你会怎么做？"

陈逸芸笑了，说："通过这几次的咨询，我感觉到，自己已经可以掌控自己的情绪了。我不会再像过去那样，用争吵的方式来解决。我会按照你画的图那样，让事情变得明朗清晰，避免让自己再钻进死胡同。"

李承轩说："很对。以后，当你觉得悲伤的时候，多给自己一种可能，给自己多寻找一条出路，能做到吗？"

陈逸芸说："可以，我已经完全有信心做到了。"

李承轩看着陈逸芸，露着他那种特有的、温暖的笑容，说："我相信你会做得越来越好的。"

陈逸芸看着他那温暖的笑容，内心不由得又涌起一阵感动。她觉得，遇到李承轩，是她这辈子最大的幸运。

晚上，当陈逸芸在客厅里敲着新买回来的石琴时，不由得想起李承轩对她说的那些话，"当你觉得悲伤的时候，多给自己一种可能，给自己多寻找一条出路"。当时，她对李承轩说"我完全有信心做到"，其实，她的内心并没有多大的把握。的确，她觉得自己内心的悲伤就像是某种藤蔓植物，时而茂盛，时而枯萎。她有时候忍不住会怀疑悲伤已经根植在自己的生命之中。只要找不到根源，她就不可能彻底地铲除它。也许，她还是应该静下心来面对目前的现实，找到它的来源，只有这样，自己才有信心可言。

烟头戳到手臂的快感

陈逸芸目送那人远去之后，关上门，重新躺回床上。偌大的空间里，又只剩下自己一个人。她突然觉得内心一阵难受，于是从床头抽屉中拿出一包烟，抽出一支点燃了。

当激情消退之后，她的内心不再拥有充实的感觉。充实的感觉仿佛不过是一瞬间的事情，不过是一种幻觉。每次，只要空间里又只剩下自己一个人，她就忍不住觉得孤独，哪怕曾经有人在自己的耳边情话绵绵，她依然不会有丝毫真实的感觉。所有发生过的一切，仿佛不过是一场梦，一个电影中的片段。

想到这里，她不由得把烟头转向自己的手臂，按了下去。当烟头的火星熄灭在肌肤的纹理中时，当疼痛的感觉随着轻烟升起时，她并没有多少痛的感觉，相反地，有一种释放的快感。这样的感觉，她既熟悉，又害怕，却一直无法摆脱。

下午两点，在李承轩的咨询室，两个人一如以往相对坐着。

陈逸芸说："在性关系上，我感觉自己好像是一个饥饿的吸血鬼，怎么吸都填不饱肚子。而且，每次当他离开之后，我就会有强烈的孤独感。我的孤独为什么比别人多？为什么我会这么害怕孤独？以前，每当我想要结束一段关系之前，我都会先选好另一个人。如果我还没有找到'备胎'，我就不愿放手。只要一想到自己的身边会没有人，我就受不了。我为什么会这样？很多时候，我知道我要的并不单纯是性关系，但是，我在他们的身上，到底想要得到什么？如果我不和他们发生关系，我会得到什么？我不知道。"

李承轩说："性代表的是什么？你问得很好。性代表的是一种身体的联结，身体与身体之间的接触，能够满足人内心的依恋需要。你要的不是一段性关系，你要的只是希望自己的依恋需要能够得到满足。"

陈逸芸说："什么是依恋需要？"

李承轩说："依恋是心理学上的一个术语，通常是指婴幼儿与照料者之间的情感联系。依恋需要则是指个体因缺乏爱的体验而产生的一种内心不平衡的状态。"

陈逸芸说："这种不平衡的状态是怎么产生的？"

李承轩说："这种不平衡的状态，最早可以追溯到童年，依赖父亲母亲照顾的时候。儿童的依恋模式有三种类型，每种类型的依恋风格都不同。照顾者如果清楚自己的孩子属于哪一种类型，可以根据这一点调整教养的方式，这样，孩子长大后内心不平衡的情况就会相对减少。你或许可以回忆一下你以前和父母相处的模式。"

陈逸芸想了想，说："我小时候和我妈不是很亲热，和我爸要好一点，但是他很忙很少在家。而且我妈生下我之后没有奶水给我吃，我是喝牛奶长大的，我记得她也很少抱我。长大之后，我们更是没有肌肤接触过。这会不会就是造成我失衡的原因？"

李承轩说："依恋模式通常形成于婴儿期，并且会一直延续到成年，并在亲密关系中显现。成年人所建立的人际关系反映着他们与母亲的依恋风格。所以，你每次饥不择食地投入一个人的怀抱时，其实也许并不是因为你爱他，在这里，爱已经变得不重要，重要的是不能没有关系。"

陈逸芸说："是的，每次只要想到最终会剩下自己一个人，我就受不了，我就有一种要疯掉的感觉。我会告诉自己，不行，我得找一个人，随便哪一个，愿意和我在一起的就行。有时候，我觉得自己很变态。"

李承轩说："我认为任何一种模式都没有对错。这只是你寻求依恋满足的一种方式。任何一个人都会有依恋的需要，而我们最原始的依恋是什么呢？就是身体依恋，在我们幼年，和我们最初有身体接触的人是妈妈，或爸爸。那长大以后我们依恋谁呢？自然是跟我们的伴侣。通过什么样的方式呢？其实还是通过身体接触的方式，不过形式不同罢了。这就说明，从一开始我们就是有这样的需要的。如果在3岁之前，依恋的需要不能得到满足，个体会感觉很没有安全感。并且，那种空缺会一直存在。我们在成年之后，有机会弥补之时，就会抓住一切机会弥补。这一类人往往年纪很小就开始去谈恋爱，开始有情感关系。"

陈逸芸说："是的，我读小学的时候，很听话，成绩很好。但是到了初中的时候，就开始交男朋友了。那时候，社会风气还没有这么开放，我的母亲对我非常失望，说我败坏家风。为此，父亲还曾经对我动粗。但是，他们越是对我不好，我越是希望有人来爱我、呵护我。我不知道当时交男朋友是不是出于爱情，我只是觉得，自己那么可怜，有人陪自己说话，就觉得很感激了。甚至，后来和我在一起的男人提出要和我发生关系，我明知道不对，也没有拒绝。事后，我哭得半死，却毫无办法。因为害怕自己不这样做，那个人就会离开我。"

说到这里，陈逸芸再也忍不住，失声痛哭。

李承轩见她痛哭，也不出声阻拦，而是静静地坐在她的对面，等待着她。

陈逸芸哭了几分钟之后，慢慢地收敛了一下自己的情绪，接过李承轩递过来的纸巾把眼泪擦干净，然后难为情地笑了一下，说："真不好意思。一说起这个，我就控制不住。"

李承轩看着她，点点头，说："我能理解你的心情。除了身体上的依恋，我们还有心理上的依恋。心理依恋就是说有人在身边会感觉到安全一些，踏实一些。甚至每个人的心里都有想念的人，这也是一种需要。你设想一下，如果一个人心里没有想过任何人，他每天都不会想到任何人，这个人是什么样的人？"

陈逸芸问："精神病人？"

李承轩说："就算不是，应该也不远了。"

说到这里，两个人相视笑了起来，咨询室的气氛于是变得轻松了一些。陈逸芸不由得伸展了一下自己的身体，觉得内心的郁结仿佛打开了一些，不再有那种正被勒得窒息的感觉了。

李承轩说："想着别人，或被别人想，都是一种心理上的依恋需要。我们可以这样去理解，为什么自己总会不停地想要别人跟自己发生关系？自己和这些人在一起的时候，其实不见得是爱，那么，究竟是为了什么，自己要和他们在一起呢？就是为了满足内心缺失的心理需要。随着你第一次和人发生关系，当你发现这样做不但能满足自己的身体依恋，也能满足心理依恋的时候，你就会认定，这就是一个有效的模式，于是你就会不断地重复使用。"

陈逸芸说："是的，的确是这样。"随后又担忧地说，"那我以后怎么办？我会不会好不了啊？"

李承轩说："给自己一些时间去调整，会有所改变的。事实上，我们还可以通过增加一些新的社会关系，来增加自身的安全感。只要自身的安全感足够，你就会逐渐地减少用那样的模式了。"

陈逸芸问："什么是新的社会关系？和父母的关系吗？"

李承轩说："亲密关系只是社会关系中的一种。你现在要去做的事情，是建立除了亲密关系之外的其他关系。现在，你可以学着去另外一群人那里争取一些别的东西，比如友谊，而不一定非要从妈妈那里去获取。你已经是成人了，不必按照小时候的方式。这些社会关系——比如跟兄弟姐妹的关系，跟朋友和同事的关系——虽然没有亲密关系对自己的影响那么重大，但是同样是不可缺少的。你现在有多少个朋友？有多少个比较谈得来的闺中密友？"

陈逸芸侧着头想了一下，说："没几个。"

李承轩说："友情对你来说也很重要，你认同吗？"

陈逸芸有些疑惑地说："我不知道，真的很重要吗？"

李承轩问："你觉得朋友是一个什么样的概念？"

陈逸芸说："无话不谈，嗯，有烦恼可以向她倾诉。"

李承轩说："对，正是如此。你以前所依赖的模式，并不能完全解决你缺乏安全感的问题，那么，你需要去尝试用其他的方式来解决。获得友谊，就是其中的一种。"

陈逸芸说："我不习惯和女性交往。我觉得她们不会太顺从我。"

李承轩说："不一定要一对一地建立友谊，你可以去参加一个心灵成长的小组。这样的小组通常会有很好的设置，都很安全。然后，在你认为恰当的时候，可以试着去和别人分享自己的故事。当你在这个小组中得到了理解和共鸣的时候，你内心孤独的感觉就会消除一些。慢慢地，你的内心就会变得强大，变得安全，不会总是感觉孤独。这时候你不会因为害怕没有人在你的身边，就不加考虑地去接受一段关系，而是会开始考虑自己的真实感受，那时候，你就能够享受到真正的感情。"

陈逸芸说："虽然我不确定你说的是不是真的，但是，我会试一试的。"

李承轩说："很好，你一直都很努力。我相信，这一次你同样可以做到。接下来的几个星期，因为我要去外地讲学，咨询要中断一段时间，所以我建议你参加心灵成长小组，是希望在咨询中断的期间，你用其他的形式进行自我探索。我相信，一个设置良好的成长小组对你来说是很有帮助的。"

虽然几周前李承轩就告诉了陈逸芸这次之后咨询就要告一段落，但是当这一刻真的来临时，她还是产生了一种很不舍的感觉。因为她已经习惯了每周见他一次。

李承轩的咨询室对她来说相当于一个充电的地方，她的负能量可以在这里得到完全的释放。而一下子要中断，她觉得有些彷徨，不知道自己停止咨询之后，会不会出现反弹的情况。她觉得，中断咨询就像是断药一样。想到这里，她有点担忧地说："那我什么时候才能见到你呢？"

李承轩说："我回来之后，助理会和你联系，到时候我们再定具体的咨询时间。"

陈逸芸说："好的。"

她想，中断咨询也好，就当是一个中间测试吧。检验一下自己在这个过程中是不是真的收获了什么。

李承轩说："那么，今天的家庭作业就是建立一个或两个友谊关系。同时，你把建立关系时发生的事情都记下来，重要的是写感受。下次来见我的时候，带给我。"

陈逸芸回去之后，在网上寻找本地的心灵成长小组。几经选择之后，她决定参加一个叫作"心灵湾畔"的成长小组。这个小组在每个星期三举行一次活动，活动的形式多变，但是都是围绕着心灵成长设置内容。这个心灵成长小组是去年开始举办的，有几个固定的老成员。

她带着好奇的心态去参加了"心灵湾畔"举行的读书会。参加的人员有男有女，每个人都很友善。知道陈逸芸是第一次参加，都很照顾她。在那个读书会上，虽然自己发言不多，但是成员们都很尊重她，让她觉得很温暖。

　　在活动的中间休息时间，她和坐在旁边的林凤聊得很投机。林凤比她小几岁，长得小巧玲珑，很善解人意。虽然有年龄的差距，但是陈逸芸和她相处的时候却感觉不到任何隔阂。两个人有共同爱好，并且都从事人力资源工作，于是聊起来的时候，话题源源不绝。

　　从小到大，陈逸芸都没有什么特别知心的朋友。读大学的时候，她曾经有一个很要好的朋友，只是毕业之后，两个人都回到了自己的家乡，一个在南方，一个在北方。虽然偶尔还有联系，但是感情却逐渐地变淡了。这个时候，遇到林凤，她觉得似乎又找回学生时代遗失的友情了。

不给孩子继承的财产

李承轩在外讲学的这段时间，陈逸芸每个礼拜都坚持去参加心灵成长小组的活动。在这个成长小组里，除了林凤，她还认识了其他的成员，偶尔也会参加小组组织的活动。中断咨询的第一个礼拜，她有些不习惯，有种失落和无依无靠的感觉。后来，这个小组逐渐弥补了她的这些缺失。

再次回到咨询室已经是一个月之后的事了。李承轩穿着白色的衬衫和浅蓝色的牛仔裤，眉宇之间神清气爽，显得意气风发。估计他这次外出讲学一定很顺利。陈逸芸不由暗暗替他开心。彼此简单地分享了自己最近的心情，李承轩让她先看一段文字。

1920 年，在印度加尔各答附近的一个山村里，人们在打死大狼后，在狼窝里发现了两个由狼抚育的女孩，其中大的七八岁，被取名为卡玛拉；小的约两岁，被取名为阿玛拉。后来她们被送到一个孤儿院去抚养。阿玛拉于第二年死去，卡玛拉一直活到 1929 年。孤儿院的主持人 J.E. 辛格在他所写的《狼孩和野人》一书中，详细记载了这两个狼孩重新被教化为人的经过。

狼孩刚被发现时，生活习性与狼一样：用四肢行走；白天睡觉，晚上出来活动；怕火、光和水；只知道饿了找吃的，吃饱了就睡；不吃素食而要吃肉（不用手拿，放在地上用牙齿撕开吃）；不会讲话，每到午夜后像狼似的引颈长嚎。卡玛拉经过 7 年的教育，才掌握 45 个词，勉强地学了几句话，开始朝人的生活习性迈进。她死时估计已有 16 岁左右，但其智力只相当于三四岁的孩子。

陈逸芸抬起头来，对李承轩说："看完了。这个故事和我有什么关联呢？"

李承轩问："你读了这个故事之后，有什么特别的感受吗？"

陈逸芸想了一下，说："太悲惨了。"

李承轩问："除此之外，你还想到什么？"

陈逸芸说："我看到了环境对一个人的影响。"

李承轩说："很好，你一下子就说到点子上了。现在，容我先卖一个关子。我们再回到你的故事中来。你刚才跟我说，虽然你现在控制情绪的能力增强了，但还是发现自己的情绪在亲密关系中，依然存在不稳定的现象，你经常会发怒。我想知道在你和同事相处的时候，会不会也存在这样的情况？"

陈逸芸说："和同事相处的时候，这样的情况很少发生。"

李承轩说："好的，现在和我详细地说说相关的经历吧。"

陈逸芸说："上个礼拜，我生日，我男朋友请我吃饭。他最后订了一家西餐厅，那餐厅的情调挺好的，我很喜欢，可是长寿面做得很难吃，我就很不开心。他为了安慰我，想办法逗我笑，可是我却顺势把火发到他身上去了，让他觉得很难堪。其实我内心也知道，这根本不关他的事，面又不是他做的。但是，我就是控制不住想冲着他发火。"

李承轩点点头，说："除了对现在的男朋友，在以前也是这样吗？"

陈逸芸说："是的，这样的事情，在段君的身上也发生过。事实上，一开始交往的时候，我们之间相处得很融洽，但是后来，我不知道为什么总是和他争吵，吵到他受不了。"

说到这里，陈逸芸叹了一口气，眼睛湿湿的："我真害怕我会一直这样下去。虽然我现在对自己的情绪掌握得还不错，很少发无名火了，但是这样的事情，上个礼拜又发生了。李老师，当我看到他那难堪的表情，心里特别难受，很自责，问自己为什么当时就是控制不住呢？人家一片好心，叫我给毁了。其实，这还是小事，我很害怕，我又会毁了我和他的关系。我……我……曾经就因为这样，而毁掉了一段感情。"说到这里，陈逸芸大声地哭了起来。

等情绪缓和了一些之后，她又开始诉说自己的经历："一年半前，我和段君离婚之后，遇到一个男人。他对我很好，是我青梅竹马的同学。我们那时是邻居，经常一起上学放学做作业，虽然没有成为一对，但是感情非常好，后来，我跟着父母搬到城里，两个人就分开了，分开之后就失去了联系。

"直到去年，我们班上组织了一次聚会，我们才再次见面。见面之后，说起很多小时候的事情，大家都觉得很开心。我还知道，他大学毕业之后没有回家乡，就留在城里工作，并且成家了。他的生活也很不幸，前年妻子因病去世了，虽然没有怎么负债，但是，却留下了一个5岁的女儿。他知道我的遭遇之后，也很同情，经常鼓励我。我遇上了什么事情，也总是找他帮我解决。交往了一段时间之后，我们都觉得，以前的感情复燃了，于是很自然地走到了一起。开始的时候，我们很高兴，觉得自己太幸运了，兜了一个大圈还能遇上，都觉得这是天赐的良缘，是上天注定的婚姻，一定要好好地珍惜。双方的父母也没有反对，我和他的孩子也相处得很好。他对我更是照顾得无微不至。我有肩周炎的毛病，为此，他还专门去学按摩。每天晚上，他都会帮我按上半个小时，经过他的照料，我还真的好了。

"后来，我们筹备婚礼的时候，就搬到一起住了。我不知道怎么回事，又故态复萌，变得蛮不讲理起来。开始的时候，我还能控制一下自己的情绪，后来，就好像有什么恶魔附在我身体上一样，我觉得那个蛮不讲理的人不是我。但是无论如何，在他的眼里，是我冲着他发火。他的脾气很好，很能够理解人，很宽容。他说：'我知道你在过去受了太多的委屈，你害怕婚姻，因为婚姻给你造成伤害。但是，你应该知道，我是一个不会带给你伤害的人啊。你还有什么不放心的呢？'其实，对于和他结婚，我并没有害怕。我只是控制不了自己的情绪，老跟他找碴，把鸡毛蒜皮的事都能说得很夸张。后来，他说他累了，他也不希望孩子在这样的环境中长大，他要离开我，希望我原谅他。其实，他哪有什么过错啊？好好的一个人，被我逼走了。我……"说到这里，她又忍不住哭了起来。

李承轩倾身过去，用手轻轻地拍拍她的肩头，安抚她。

过了大约 5 分钟，陈逸芸再次将心情平复下来，望着李承轩说："对不起。老师，本来我这段时间，已经变得好很多了，但是一想到以前的事情，就禁不住觉得害怕。我不知道自己是怎么了。"

李承轩说："这是一种迁怒。"

陈逸芸问："什么叫作迁怒？"

李承轩说："迁怒的产生来自一个叫作'置换'的自我防御机制，也叫转移。意思是指我们本来对某一对象有一种情感，但是出于某种原因，比如说因为可能发生危险或者不合社会习惯等，没有办法向这一对象直接表现这一情感，就转移到其他较安全或者容易被大家所接受的对象身上，使自己的情感得到宣泄，心理得到平衡。"

陈逸芸问："为什么我会选择这样的方式？"

李承轩说："这有可能是一种习得性行为，简单地说就是通过不断的生活经验积累学习得来的。你能跟我谈谈你妈和你爸的相处模式吗？"

陈逸芸侧着头，沉思了一下，说："我记得，从小时候开始，妈妈就总嫌弃爸爸，说他什么事情都不懂。我爸在一个工厂的开发部当工程师，是专门开发新产品的。他是一个老实人，不太懂得交际。小时候因为单位分房的事情，妈妈很希望爸爸去走走关系，好分到大一点的房子，但是我爸就是不愿意。我妈对他很不满意，整天和他吵，说他没用，窝囊，有时候还骂得很难听。我小时候几乎是在她的骂声度过的。"

说到这里的时候，她突然醒悟过来："你给我看这个故事，是不是在告诉我，我好像狼孩一样，接受了妈妈的教化，学到了她对我爸的方式，并运用到自己的生活中来？"

李承轩点点头，说："不错。要知道，一个人小时候所处的环境，对他的影响是非常重大的。在你的童年时期，你目睹了父母的相处模式，然后吸收进自己的潜意识，成为自己的一部分。这和继承财产有些类似，有时候人们继承到一笔财产，并不是马上就需要用到，于是先储存起来，到了需要的时候再用。你这个情绪模式也可以看作是继承的一种，你现在正在花这笔财产，但遗憾的是，你没有买到好的东西。"

陈逸芸说："是的。"

李承轩问："那么，你打算让你的下一代继续继承这个财产吗？"

陈逸芸马上把头摇得像拨浪鼓似的，说："不，我不希望自己的女儿以后也这样。可是，我要怎么做才能扔掉这个财产？"

李承轩说："既然这种情绪模式是习得的，并且现在你也发现以前你学到的模式并不适用，你就可以去习得另一种对你更有利的模式，可以带来好东西的模式。"

陈逸芸有些担忧地问："可是，我应该从哪里学习呢？"

李承轩问："你最近参加心灵成长小组了吗？"

陈逸芸说："我参加了一个叫'心灵湾畔'的小组，那个小组对我的帮助还挺大，同时我还认识了一些朋友。"

李承轩说："嗯，这真是一件值得高兴的事情。你参加过几次小组活动？"

陈逸芸说："有五六次了。"

李承轩说："你参加的心灵小组里面，有没有发现哪个人的亲密关系是经营得比较好的？或者，在你的生活中，有没有发现这样的人？"

陈逸芸说："成长小组中我没有发现这样的人。但是我的一个同事做得很不错，她不但和丈夫的关系好，和婆婆的关系也很好。我总是暗自佩服她处理事情的态度。"

李承轩说："那么，你可以把她当成一个学习的榜样，模仿她，并请你的男友陪你练习。"

陈逸芸问："估计他没有时间，我自己对着镜子练习行吗？"

李承轩说："也可以，但是效果可能不如有对手的练习。"

陈逸芸问："我尽量吧，要怎么做呢？"

李承轩说："就像演电影一样，你导演一个场景，吵架的场景，然后在这个场景中运用新学到的模式来解决问题。"

陈逸芸问："真的会有效吗？"

李承轩反问："你希望它有效吗？"

陈逸芸说："当然。"

李承轩说："那么就按照你希望的去做。我想，它一定可以达到你要的效果。做完之后，别忘记记录自己的心情和感受。"

周六是杨浩然和晓媛的"亲子日"。

上午 10 点，陈逸芸看着杨浩然牵着晓媛的手上车之后，想要转身回屋，却听见晓媛大声说："妈妈，你怎么不上车？"

杨浩然说："是啊，我跟晓媛说好了，我们3个人去欢乐世界玩，我们要陪着她坐过山车。"

陈逸芸站在家门口，瞪着杨浩然，只见他朝她眨眨眼睛，神秘地笑了笑，并把头向着车内侧了侧，示意她跟着去。

显然，她是被算计了。

游乐园里，晓媛开心地坐着旋转木马，陈逸芸和杨浩然站在外围看着她，不时向她挥手。

陈逸芸看看杨浩然，用轻松的语气说道："我以前对你发脾气的时候，你感觉怎么样？"

杨浩然转过头纳闷地看着她说："怎么又说回以前的事情了？现在不是好好的吗？"

陈逸芸说："我是希望更了解自己才这样说的，你告诉我你当时的感觉就好了。"

杨浩然看着她，不知道她葫芦里卖的是什么药。但是看她一脸认真的样子，于是说："我说了，你不准发脾气的啊。"

"不发。"

"其实每次你发脾气，我都有一种面对着疯子的感觉。我觉得，怎么一个女人会是这样不可理喻？鸡毛蒜皮的事情也能看得好像天要塌下来一样。"

陈逸芸皱起眉头："看来我以前的脾气真的很差。"

看到她皱眉，杨浩然有点心虚地说："你看，说了不生气，现在又生气了。"

"我真的没有生气，我最近在学习控制自己的情绪。老师说要多加练习。"

杨浩然说："现在就很好啊。你变了很多。"

陈逸芸望着不远处正在旋转木马上玩得很开心的女儿说："我要学习做一个好妈妈。"

　　杨浩然说："听到你这样说，我觉得真的很惭愧。和你分开之后，我突然间也成熟了不少。一开始的时候，我并不觉得亲情对我有多么重要。自从上次我病重，你带着晓媛来看我，我才发觉，原来孩子对我来说真的很重要。她对我的爱，带给了我生命的力量，让我觉得自己的生命正在向未来无限地扩张。"

　　陈逸芸看着他，惊讶地说："这样的话，我是第一次听你说呢。"

　　杨浩然说："以前我们都忙着吵架了，没有机会和你说啊。"

　　说完之后，两个人都不由得笑了起来。

　　此时，温煦的阳光暖暖地照在身上，晒得人懒洋洋的。看着坐在旋转木马上的女儿，陈逸芸暗暗下定决心，自己从母亲那里学到的模式，一定不能传给女儿，相反地，自己要创造另一笔财富留给她。但愿一切都还来得及，希望现在所做的一切，可以抹去女儿以前受到的伤害，让她从此以后，快乐健康地长大。

情绪管理的真谛

　　大学毕业十几年了，陈逸芸一直很少和同学联系。上周，意外接到班长何敏华打来的电话，通知她周四有个同学聚会，希望她能够参加。也就是在那一天，她才重新和同学们见面。十几年的光阴过去了，陈逸芸在每个同学的脸上都看到不小的变化。当然，她也知道，别人看自己，也是同样的。

　　何敏华整晚都在会场上忙碌，有时候陈逸芸看到她忙不过来，也主动帮些小忙，比如带领迟来的同学就座，布置场地什么的。

　　何敏华还是像过去一样优秀、能干。在闲聊中，陈逸芸得知她在一家贸易公司做财务总监。陈逸芸对她就职的那家公司有耳闻，那是一家上市公司。何敏华能够坐到这样的位置，她一点都不意外，因为她一直知道何敏华是一个很有能力的人。

　　在校的时候，两个人其实并不亲密。何敏华是那种锋芒毕露的人，身边总是围绕着一大堆的追求者，而陈逸芸则很内敛低调。两个优秀的人，虽然表面上没有什么过节，但是私底下却各自把对方当成对手，暗自较劲。

　　聚会结束之后，陈逸芸没有立刻就跟着其他的同学走了，而是继续留下来帮助何敏华善后。就这一点来说，她自己都觉得诧异，原来在不知不觉中，她的责任感增加了很多，不再觉得什么事情都和自己不相关了。

结账之后，何敏华提出要送陈逸芸回家，她没有拒绝。一来时间也不早了，二来她觉得大家那么久没有见面了，有机会聊聊天，也是一件很好的事情。

在回家的路上，何敏华一扫刚才的干练，显得疲惫不堪，反倒是陈逸芸看起来神采奕奕。

何敏华从后视镜里看看陈逸芸，对她说："没想到十几年不见，你还是那么漂亮啊。"

陈逸芸笑了，说："你还不是一样，今晚全场最受人瞩目的就是你了。"

何敏华皱着眉，叹了一口气，说："表面的风光，要来有什么用？"

陈逸芸转头看着她，不解地问："为何这样说呢？"

何敏华又叹了一口气，说："一言难尽啊，只能说家家有本难念的经吧。"

陈逸芸点点头，表示理解，也不再追问。

何敏华说："说真的，以前倒不觉得你有安全感，但是今天你一直在我身边帮助我，我真觉得心里踏实不少。只是今天大家都累了，要不然我们可以坐下来聊聊天。"

陈逸芸说："我们都住在这个城市，要见面很容易，有时间打电话给我就行了。"

周五下班前，陈逸芸接到何敏华的电话，说自己最近比较心烦，想和她聊聊天。因为两个人住得并不远，于是陈逸芸让她周六到家里小坐。

周六上午十点左右，何敏华按时赴约。陈逸芸接待她到客厅坐定，自己到厨房去准备茶水。

陈逸芸端着茶杯出来，看见何敏华在看她放在茶几上的画。见到她过来，何敏华抬头问道："这些画是你家小孩画的吗？真不错啊。"

陈逸芸笑着说："不是，我孩子在我妈家住。这都是我自己画的。"

何敏华惊讶地问："你怎么会有这样的闲情逸致去学画画啊？"

陈逸芸坐下来，给她倒了一杯茶，然后说："实不相瞒，我前一阵子因为有点困扰去看心理医生，这是医生布置的作业。"

何敏华狐疑地问："画画能起什么作用啊？"

陈逸芸说："这是情绪画，我最近在学习管理自己的情绪，这些画让我把真实的情绪表达出来，并且起到梳理的作用。"

何敏华低头又看看手中的画，问："真的有这么神奇？"

陈逸芸从她的手中接过一张画，说："是的。对我来说，我觉得蛮实用的。其实不单是我，每一个人都可以作自己的情绪画。你选择的色彩就是你的情绪色彩。比如，你看，这是我早期的画，色调比较阴暗，并且构图凌乱，那是我去接受治疗的初期。那时候的情绪的确不怎么样。这张是我现在画的，看起来色彩是不是好多了？这是因为治疗起到作用了。"

何敏华忽然停了下来，怔怔地看着陈逸芸说："逸芸，看来这次找你，真的是找对了。我……"

话没说完，她突然就大哭起来。

陈逸芸对这突然的变化，虽然有点吃惊，却下意识地伸过手去搂着何敏华的肩膀，轻轻地拍了拍，然后一动不动地揽着她，让她哭个痛快。

陈逸芸说到这里，停下来看着李承轩，突然有点不安地揪揪自己的手指头，说："后来她在我家里即兴地画了几幅画，画得很凌乱。

画画的时候，我开了音响，放着你推荐给我的音乐。并且向她解释情绪不能忽略也不能掩盖，并告诉她这样做的后果。还把你教我的方法也告诉了她，就是通过多元的方式表达情绪的方法。"

李承轩听了之后，沉默了片刻。

的确，他没有想到坐在自己面前的女子，在短短的几个月时间内，居然发生了这么大的转变。她从一个求助者变成了一个助人者。虽然她未必了解相关的理论，但是实际操作的技巧，却已经有了不错的效果。

他不由得盯着她看，她的脸上带着健康兴奋的淡红色，那是一种快乐的颜色。她的脸上，洋溢着帮助人之后获得的快乐。他从内心涌起一阵感动，心想也许当初自己做成第一个咨询的时候，也是这样子的。

这个时候，他听见陈逸芸轻声地说："李老师，是我做得不对吗？"

李承轩这才回过神来，他动了动身子，然后看着陈逸芸说："不是，你做得非常好。只是我没有想到你有这么大的进步，觉得吃惊，走神了。"

陈逸芸松了一口气："我看到你不说话，还很担心自己是不是做错了。"

李承轩说："没有的事。现在我想听听，你在看她作画的过程中，自己有什么感受吗？"

陈逸芸想了一下，说："我看到她，就想起我自己当初的样子。我想我当初在你面前应该也是像她那样六神无主，方寸大乱。我知道她一定也是陷入误区了。于是我向她解释，让她知道情绪是生活的一部分。并且告诉她，既然生活中有好的事情，也就有坏的事情，这些事情除了带给我们正性的情绪之外，同时也会带给我们负性情绪。我还解释，负性的情绪是可以适当存在的，拿焦虑来说吧，适当的焦虑会让我们变得有动力。"

李承轩问："这种观点，你从什么时候开始有的？"

陈逸芸说："在此之前，我还真的没有想过这个问题。只是那天对着何敏华，我突然表述出来了。也许它们早就存在我的内心中了，只不过还没有机会讲出来罢了。"

李承轩点点头，没有说话，依然是一副若有所思的样子。

陈逸芸说："到了后来，我还得出一个观点，我觉得负性情绪是正性情绪的一个反照。也就是说，如果没有负性的情绪体验，我们就不知道正性情绪有多么好。所以我们需要学会去接纳，接纳我们各种情绪在生活中的表现状态。不仅如此，我们还要学会控制，让它们达到和谐的状态。我觉得我们要像一台检测仪一样，随时了解情绪空间内的变化，随时调整，才能保持情绪空间内的平衡和稳定。"

李承轩说："说得非常好，相信这一点你也向你的同学表达了吧？"

陈逸芸说："是的，事实上那时候我内心真恨不得就把自己的感受和经历全都告诉她，巴不得她听了之后就照着做，然后明天她就打电话告诉我，她全好了。"

李承轩听到这里，不由得大笑起来，说："你真是一个热心的好人，可是太心急了。你想一想，当初如果我也告诉你我过往的经验，把那些经历一股脑儿地讲给你。你今天会是什么样子？"

陈逸芸看着他，俏皮地说："估计是要消化不良，拉肚子拉上几天吧。"

李承轩说："是啊，欲速则不达嘛。"

陈逸芸停了一下，低头看看自己的手指，然后又抬起头，看着李承轩郑重地说："其实说真的，在一开始做咨询的时候，我很怀疑咨询的功效。我并不是怀疑你的能力，我只是不太相信有一些问题可以通过咨询去解决，也不太相信情绪可以管理，我可以得到平静。我真正相信的时候，也就是那天何敏华在我家的客厅伏在桌上认真作画的时候。我看着她，想到以前的自己，然后对比今天的自己，我才真真正正地感觉到了变化的巨大，才相信一切真的在好起来。在咨询中，你给我很大的帮助，我不单是缓解了症状，还从中获得了一种全新的感悟。这种感悟在我和朋友分享的时候，竟然对她有帮助，这才是我最大的意外收获。虽然我不知道那次的帮助有多大的效果，但是我已经觉得，自己是一个有价值的人了。为此，我特别感动。谢谢你！李老师，我想，这应该就是对你的最佳回报了。"

李承轩看着陈逸芸真挚的表情，脸上也露出感动的神色，他说："如果真要感谢，就感谢自己。今天的成绩，都是靠你自己的努力得到的。你的成长并不只是体现在情绪的管理能力增强这一个方面，事实上，你的整体都得到了提升。今天的你，比当初出现在咨询室的你自信多了，而且你现在具有的自信并不是那种假装的自信，而是真正发自内心的自信。"

陈逸芸说："是的。这一次虽然表面是我的同学在受益，但是我自己得到的更多。"

李承轩说："实际上这也表示了自己爱人的能力。我相信在此之前你也有能力去帮助别人，因为你是一个很优秀的人。但是为什么一直没有做到呢？是因为你没有机会去做。我说的这个机会，是指你没有给自己一个帮助别人的机会。"

陈逸芸说："你想说的是我因为不够自信，所以觉得自己帮助不了别人，因此不敢去帮助，是吗？"

李承轩说："对。当一个人在不断进行自我否定的时候，就等于是放弃了一切尝试的机会，也因此他的能力不会得到证明。同时，因为这种错误的观念，导致他爱人的能力也不断地消失。他总是害怕自己接受不了不能帮到别人的结果，所以他宁愿选择不去帮助别人。其实整个治疗的过程，要达到的目的并不单单是让你获得情绪管理方法，最重要的是，让你的内心自我变得强大，有力量。"

陈逸芸说："是的，内心的力量，就是自信的源泉。"

李承轩说："今天和你谈话之后，我觉得我们可以进入下一个目标了，也就是自我的这个部分了。你准备好了吗？"

陈逸芸毫不犹豫地点点头："是的，我准备好了。"

上一次，陈逸芸知道何敏华最近是因为工作压力增加的缘故，才导致情绪不稳定，于是和她商量，两个人每周见一次或者两次面，练习对话沟通场景。有时候，她们也会叫上林凤，让她当一个观察者。

林凤对于她们的这种练习觉得非常惊奇，但在她们的身上，她感受到了一股强烈的、想要改变自己的力量，于是她每次都很乐意参加，并且表示，虽然自己不是当事人，但是在观看她们练习的过程中，自己并不是完全没有收获。就这样，她们除了参加心灵成长小组之外，在课外也定期见面，分享彼此在生活中收获的酸甜苦辣。

陈逸芸每次和朋友们相见后回到家里，内心都会充满感激。她曾经是一个比较孤僻的人，她以为自己并不需要朋友，因为自己是一个很独立的人，可以妥善地安排自己的生活，也有能力解决现实中的困难。但是每当独自一人的时候，她内心时时刻刻充满着茫然和孤寂，总觉得世界和自己并没有丝毫的关联。

多了两个知心朋友的陈逸芸，真正地感受到了友谊的温暖。这段日子，大家互相帮助，互相鼓励。她觉得自己像是凭空多了一座巨大的靠山，让她感到非常踏实、安稳。

2

第二编

我是谁

一定要超过姐姐

陈逸芸接受了李承轩的建议，成了一名义工。这样做是为了建立更多健康的人际关系，也为了体现自身的价值。后来，她还加入了义工联的热线队伍，成为一名辅导老师。她这个星期天的任务，是去辅导一个不愿意上学的小朋友。

那个叫小雯的小女孩长得很秀气，也很胆怯。从陈逸芸出现在她面前到现在，她一直低着头坐在对面，不敢看她。她的姐姐坐在她旁边的书桌旁写作业。

陈逸芸柔声地对她说："你好，小雯，愿意跟我说说你的心里话吗？我知道你一定有很多话想要说的，是吗？"

小雯抬头飞快地看了她一眼，又把头低了下来，低声说："你是爸爸妈妈找来的老师吗？"

陈逸芸说："是的。不过，我不是站在他们那一边的，我是站在你这边的哦。"

小雯抬起头，怀疑地看着她，说："是真的吗？"

陈逸芸笑着点点头，说："是的。我保证。所以，如果你有什么心里话，可以告诉我，我会帮你保密的哦。你看，妈妈本来要跟进来的，我都不让她进来了。"

小雯听了之后，依然低着头不说话，过了很久，才细声地说："我知道我最近的成绩很不好，妈妈很生气。如果我的学习成绩好一点，他们就不会经常吵架了，都是因为我不好。学校里面，老师也不喜欢我。我一想到这个，心里就难受，就不想去上学了。"

　　陈逸芸说："也许，他们吵架的原因并不是因为你呢，你问过他们了吗？"

　　这个时候，姐姐说话了："还用问吗？肯定是这个原因。我小时候，他们也经常吵架。因为我不是一个男孩子，奶奶很不高兴。再加上我总是生病，要人照顾，他们有什么理由会喜欢这么麻烦的孩子呢？"

　　陈逸芸说："小孩子生病，是因为抵抗能力差，做爸爸妈妈的怎么会因为这样而不喜欢呢？"

　　小姑娘说："你家里有小孩吗？"

　　陈逸芸说："还没有。"

　　小姑娘说："等你有了小孩以后，你也会这样子的，你的小孩也会不高兴的，你看着吧。"

　　陈逸芸说："我不会这样对我的小孩的。"

　　小姑娘尖叫着说："你会！你一定会！"

　　陈逸芸气得站了起来，却撞翻了凳子，痛得她"哎哟"地叫了一声。她睁开眼睛，这才发现，周围一片黑暗，原来刚才不过是做了一个梦。

　　躺在床上，她打算继续睡觉，却怎么也睡不着了。她根本就没有去做过什么义工，怎么会突然做这样一个梦呢？这个梦，是什么意思呢？

　　她记得以前李承轩曾经交代，晚上如果做了什么梦，最好能够记下来。因为梦可能是一个人内心愿望的补足，和潜意识有关，对于了解自己和治疗的进程有很大的帮助。

　　于是，她爬起来，摸黑找出纸笔，来到客厅的窗子边就着街灯把梦记录下来。她不敢开灯，怕灯光过于强烈，会把梦中的记忆给弄没了。当她写完最后一个字的时候，心中有一种任务完成的舒坦的感觉，于是回到床上继续睡觉。这一次，她很快就进入了梦乡。

李承轩说："这是一个很有意思的梦。在你小的时候，曾经历过类似的情节吗？"

陈逸芸说："没有，我的学习成绩特别好，我非常用功，因为我每次考了好成绩，母亲都会很高兴，称赞我。"

李承轩说："那么，你曾经有过讨厌读书的念头吗？"

陈逸芸说："好像没有过，甚至有几次，我发着烧都依然坚持去上学，并把作业写完。对了，我小时候经常发烧、头痛。"

李承轩说："你家里还有别的孩子吗？"

陈逸芸说："有一个姐姐。"

李承轩说："嗯，现在跟我说说你姐姐的情况吧。"

陈逸芸说："我姐姐读书成绩不好，但是和我妈妈的感情很好，也许是因为她是第一个孩子的缘故。不过，每次我考了好成绩之后，她也会叫我姐姐向我学习。每到这个时候，我就觉得很开心，就更加地卖力了。"

李承轩说："显然，你并不是自己发自内心地想要读好书，你因为想要得到妈妈的称赞，才读好书。你觉得我这样说对吗？"

陈逸芸疑惑地看了他一眼，说："那我上大学以后成绩也特别优异，也是为了她吗？"

李承轩说："问得好。我们现在先来澄清一下，我为何会提出这样的观点。一般来说，在梦中出现的人，都是你自己人格的化身。梦中出现的小女孩，一个代表内疚，一个代表自责。也就是说，在你的人格里面，蕴含着内疚和自责这两个部分。"

陈逸芸说："我不太懂。我对谁觉得内疚啊？"

李承轩说："你不觉得内疚，这也是正常的。弗洛伊德曾经说过：'就患者而言，这种内疚是无声的，他并不告诉患者有内疚，患者不感到内疚，只是感到病。'你已经知道什么叫作躯体化了，是吧？"

陈逸芸点点头。

李承轩说："你成年之后的躯体化是由于情绪的堆积造成的，但是你幼年的躯体化表现是什么原因造成的呢？"

陈逸芸说："是你所说的内疚吗？"

李承轩说："当你生病的时候，你的父母表现得怎么样？"

陈逸芸说："他们很担心，会请假带我去看病。如果我稍微好了一点想要看书，他们会把我的书藏起来不给我看，并命令我睡觉。"

李承轩说："你当时的感觉怎么样？"

陈逸芸说："虽然他们责备我，把我的书藏起来，但是我觉得很开心。"

李承轩说："也就是说，你在这个过程中，是可以得到好处的，是吗？"

陈逸芸说："我不懂……"

李承轩说："你生病了，可以得到父母的关注，还可以暂时不用为了要讨母亲欢心而念书，不是吗？"

陈逸芸说："嗯……是的，听起来好像真是这么回事。"

李承轩说："我们现在来想一想，如果你成绩好，你能得到什么？"

陈逸芸说："如果我成绩好，我妈妈会喜欢我，称赞我，遇到她心情好，还会买一些小玩意给我。"

李承轩说："说到这里，你能不能归纳一下你读大学的时候，成绩好的原因？你可以闭上眼睛，静静地回忆……"

陈逸芸闭上自己的眼睛，半晌不说话，然后突然睁开眼睛说："对了，我想起了一个人。在我读大一的时候，当时我们系有一个很英俊的男孩子，我对他很有好感。可是他正在追求我们班上一个成绩很好的女生，我不喜欢那个女生，我觉得她并没有什么了不起，我觉得我的成绩一定可以比她更好。但事实上，我的成绩虽然很不错，比起她来，还是差了一些，也就是说如果她是第一名，我一定会是第二名。为此，我觉得很郁闷，有一段时间心情很糟糕，总想找到一个办法超过她。后来，闹到生病。有一天我在去校医室的时候，突然晕倒了。刚好那个男生经过，把我送到校医那里，并且陪着我直到我醒过来，打了针之后，又把我送到宿舍。从那以后，我们就经常接触，我对他很好，好到我自己都觉得难以置信。因此，我们终于走到一起，但是最终还是因为性格不合而分开了。"

李承轩说："你觉得，这段经历，和以前的那些经历，有没有关联？"

陈逸芸说："都有躯体化症状。"

李承轩说："对。这样的表现，一定在你的亲密关系中会经常存在，比如在你和父母之间，你和男友之间，或者是你和其他自己有好感的人之间。你慢慢地回想自己的相关经历，一定会发现，你都曾经运用过这样的模式。好成绩和晕倒的性质是相同的，都是一种策略，为了让他走近你。"

陈逸芸说："嗯，好像是的。"

李承轩说："如果不用这个策略，用一种不内疚的方式，你觉得应该是怎样的？"

陈逸芸说："大方地接近他，向他表达自己对他的好感。"

李承轩说："对。但是，这样的表达方式对于内疚者来说他们是不会选择的。他们必然会选择一些更隐秘的方式，甚至是一种让自己变成弱者的方式。因为在我们的社会中，弱者的角色是能够唤起他人的关注和同情的。比如说你刚才提到的生病和晕倒。"

陈逸芸慢慢地点点头。

李承轩说："相信就算我为你澄清了梦中发生的事情，但是对于自己的症状，你依然会有很多疑惑。"

陈逸芸又点点头。

李承轩说："那么，为了让你对自己的情况有更好的了解，我现在给你推荐一本书——卡伦·霍妮写的《精神分析的新方向》。她在研究女性心理方面，有重大的成就。你着重看书中的第十四章《神经质的内疚感》。我相信，这会对你有所启发的。这个，也是我给你布置的家庭作业。"

陈逸芸说："好的，咨询结束后我就去书店买一本。"

李承轩说："还是那样，你在看书过程中产生的感觉和体会，要用心地记下来，就像你把自己做的梦记下来一样，越详细越好。"

陈逸芸说："好的。但是，我还是不明白，我为什么会无端地做这个梦呢？"

李承轩说："最近和你的姐姐有联系吗？"

陈逸芸说："我最近和她没有联系。不过前天我母亲跟我说，她不想再帮人打工了，希望回家做点什么小生意，需要一笔钱，问我能否借点。我说可以借一点给她，但是我自己没有亲自和她通电话。"

李承轩说："梦很多时候，是因为潜意识的搅动引起的。虽然你所做的梦，看起来和你的姐姐并没有多大的关联，但是其实却有着千丝万缕的关系。这个，你以后可以慢慢地去体察一下。"

陈逸芸说："我不太懂。"

李承轩说："我举个我以前分析过的梦作为例子吧。有一个人晚上梦到自己系了一条五彩的围巾。而事实上她并没有这条围巾。那么是什么原因呢？后来在不断了解中知道，这个梦和她一个分别很久的同学有关。白天，她听别人说起那个同学，而那个同学在毕业的时候，穿着一条五彩的裙子，和她梦见的围巾是一模一样的。"

陈逸芸说："真神奇啊！"

李承轩说："是的，当你进入了解自我的阶段之后，就等于进入了一个奇妙的旅程。很多现象你看起来匪夷所思，却是真实存在的。这就是生命的神奇之处。"

陈逸芸回去之后，努力地回忆着小时候和姐姐相处的过程，却发现自己怎么也想不起了。只记得自己四岁那年，要被送到外婆家的前一天晚上，姐姐和她说："爸爸妈妈不要你了，他们要把你送到外婆家去。"

自己当时觉得她很坏，为了独自霸占父母而对自己说谎。后来自己真的被父母送到外婆家，想到姐姐一个人独自在家被父母宠爱，内心觉得非常难过，又非常羡慕。

从外婆家回来之后，她开始上小学。那段时间，她总会觉得姐姐在家里比她有优越感，于是，她变得格外听话。父母叫她做什么，她就做什么。她知道父母喜欢自己的孩子读书成绩好，于是拼命读书，几乎年年都考第一。

姐姐读书的成绩向来一般，考大学的时候以十几分之差落榜，之后没有复读，在父母的安排下，到一家工厂工作，做化验室的化验员，工作轻松简单。几年前工厂改革裁员，她不幸成了下岗的一分子。那时候她的孩子刚出生，生活一下子陷入了困境。陈逸芸刚和杨浩然结婚，在自己经济宽裕的情况下，会不时地接济她一下。后来，和杨浩然离婚，自己也需要供养女儿，于是接济得也少了。此后，每每听到母亲讲起她的近况，自己内心都会觉得伤感，觉得帮不上她什么忙。

近两年自己工作努力，收入稳定之后，也会主动问母亲，姐姐是否需要帮助。也许，正是出于这个原因，自己晚上才会做那样一个梦。

　　想到这里，她不由得拿起电话拨了姐姐家的号码。两姐妹因为太久没有说过话，一时之间竟然不知道该说什么。随后，陈逸芸告诉她，如果有什么需要她帮忙的地方，尽管开口。姐姐很客气地说了再见之后，就挂了电话。

　　陈逸芸出神地望着手机，心想，为什么自己面对姐姐的时候会觉得不自然，这是什么原因？而自己是不是对她也有一种内疚的心理呢？但是为什么要内疚呢？她觉得此刻自己的思维变得一团混乱，像是卷入了乱麻之中。

三个姐妹一台戏

陈逸芸来到咨询室坐定之后，从挎包里拿出三张画。第一张画着一个四五岁的小女孩，她头发凌乱，双腿曲起抵在下巴上，双手抱着腿蜷缩在屋角里。这个屋子画得很大，孩子画得很小，给人一种楚楚可怜的感觉。

第二张画里面也是一个女孩，但是这个女孩比第一张画里的年龄要稍大一些，有十一二岁的样子。她跪在地板上，地板上有一根长长的红绳子，小女孩的眼睛紧紧地盯着那根绳子。和第一张画全部用单色不同的是，这张画用了几种颜色。

第三张画的是一个少女。她正走在路上，步履匆匆，发鬓散乱，仿佛是后面有什么人正在追赶她一样。路的两边都种着树木，树木显得非常瘦弱，枝干细长，树叶凋零，给人一种萧瑟的感觉。

李承轩看了之后，问道："这是什么时候画的？"

陈逸芸说："上次我离开这里之前，你让我思考自责和内疚这两个概念。第一幅画是我在回家的路上想到的场景。当我看到这个小女孩的时候，我内心有一种酸楚的感觉，很希望她是有力量的，被人关心和支持的。"

李承轩点点头，指着第二幅画，问："这上面画着的那个，是绳子吗？"

陈逸芸摇摇头说："不是，是鞭子。"

李承轩说："有一根鞭子，但怎么没有拿鞭子的人？你觉得如果有一个人会拿起这根鞭子，那会是谁呢？"

陈逸芸想了一下，然后说："这是不是在暗示，我心里面的自己在拿鞭子？"

李承轩不由得笑了起来，说："你的作业做得非常棒。你也终于发现了你内心的自责。基于某一种原因，你总是时不时拿起鞭子催促自己。那么，第三幅画呢？"

陈逸芸说："第三幅画其实我也不知道要表达什么，这是我画完第二幅画两天后画的。那天我朋友本来和我约好去 S 市度假，当时我所有的一切都准备好了，车票也订了，他却因为家里出了点事临时取消了行程。开始的时候，我很通情达理，也很理智地去办理了退票等事宜。但是当我回到家，就控制不住了，摔坏了厨房里饭桌上放着的几个碗，然后大哭了一场。哭着的时候，就画了这一幅画。"

李承轩说："你觉得，自己对于这件事，为什么会有两种不同的态度？我的意思是说，你在他面前表现得通情达理，但是面对自己的时候，却控制不住愤怒。"

陈逸芸说："我后来想过了，通情达理就像是某种面具，这样的面具我戴上之后，他会更喜欢一些。所以对着他的时候，我就会戴上。但是其实我自己并不是像面具表现出的那样完美。"

李承轩问："是谁让你戴这样一个面具的呢？"

陈逸芸说："自然是我自己。"

李承轩问："你觉得有必要戴这样的面具吗？"

陈逸芸说："有。我不希望他觉得我是一个不讲道理的人。"

李承轩问："那真实的你，怎么办？"

陈逸芸呆了一下，挣扎着说："我这一面，他是看不到的。"

李承轩问："听到你这样说，我想起了一个词。"

陈逸芸说："什么词？"

李承轩说："自虐。"

陈逸芸听了之后，眼泪突然像断线的珍珠一般流了下来。

李承轩说："究竟是不是自虐，我们来体会一下。拿着你的第三幅画，认真地去感受自己的内心。你不断追赶的是什么？背后追赶你的东西，又是什么？你步履匆忙，究竟是为了追赶前面的目标，还是害怕自己被追上？"

陈逸芸哽咽着说："我还真的没有深入地想过这个问题。"

李承轩说："今天的咨询，我想用心理剧的形式进行。会有几个临时的演员，我都安排好了，他们都是我的学生推荐的，都喜欢心理学。你在当中，会像在参加的心灵成长小组中一样安全。当然，如果你觉得还没有准备好，我们也可以改天再用这个形式。"

陈逸芸说："没有关系，我准备好了。"

李承轩说："那么，我让他们进来了。"

他打开咨询室的门，对着小严说："让他们几个进来吧，要开始了。"

没多久，小严带进来 5 个年轻人，其中 4 个女孩，1 个男孩。

陈逸芸站起来，微笑着和他们互相打招呼，做了一下简单的自我介绍。

李承轩让那几个年轻人坐下来之后，说："在这些人当中，你要挑选一个人代替你的内在小孩。也就是说，你看着他的时候，就会像站在镜子面前看到自己一样。你感觉一下，看看这几个人当中，谁最适合当你第一幅画中的小女孩？凭自己的第一感觉就行，不用思考过多。"

陈逸芸看了看那几张年轻的脸庞，他们的眼神里面都闪烁着一些紧张和兴奋。她最后把目光锁定在一个瘦削的女孩子身上。她是一个看起来弱质纤纤的女孩子，穿着白色碎花的长裙子，长发随意地散落在肩头，脸庞素净，脸上的表情悲喜难辨。这时候，那女孩也感觉到了陈逸芸的目光，于是抬起头来向她微微地笑了一下。陈逸芸对她说："就你来扮演，可以吗？"

李承轩问："程蕙兰，你愿意扮演这幅画中四五岁的小女孩吗？"

程蕙兰说："是的，我愿意。"

李承轩说："接下来你找一个适合扮演拿鞭子的人。"

陈逸芸于是重新把目光转向那几个年轻人，她看着那几张陌生的、充满了期待的脸庞，心中突然觉得有些混乱。

李承轩说："选择对象的时候，没有性别之分，只要你感觉适合就行。"

陈逸芸于是选了坐在程蕙兰旁边的看起来略有点胖的女孩，她穿着一件简单的 T 恤和蓝色的牛仔裤，一副休闲的打扮。

李承轩说："好，这是林琳。你要扮演第二幅画中的女孩子。"

林琳看了一下第二幅画，点点头。

陈逸芸最后选择了一个叫蒋梅珍的女孩子来扮演第三幅画中的女孩。

选定了替身之后，李承轩说："这三个女孩子将要代表三幅画中的主角，也就是说代表你内心里面的三个小女孩，她们的关系，是姐妹关系。"

陈逸芸点点头。

李承轩说："我们先暂且叫老大为自虐，是蒋梅珍；老二为自责，是林琳；老三为内疚，是程蕙兰。"

角色分配完了之后，他转身对陈逸芸说："你现在还要寻找一个人，来代表现在的自己。"

陈逸芸于是选了叫江美心的女孩子。

李承轩对扮演者说："等一会，你们按照我的提示，把内容表达出来就行。逸芸你现在站到程蕙兰身后去。"

陈逸芸按照李承轩的指示站在程蕙兰身后。

这时，李承轩给了江美心一个提示。江美心作为陈逸芸的替身对程蕙兰说："内疚小女孩，你觉得自己跟别人有什么不同？"

李承轩说："逸芸，你可以尝试代替内疚本人回答这个问题。"

陈逸芸替内疚说："我有总是做错事的感觉。"

李承轩说："好的，现在请你站在自责的后面。"

江美心得到指示后对代表自责的林琳问了同样的话："自责小女孩，你觉得自己跟别人有什么不同？"

陈逸芸替自责说："我一开始画这个鞭子的时候，我不知道是谁在用鞭子，但我知道是在鞭打自己。至少是在准备鞭打自己。我觉得自己做错了事情。"

李承轩说："你的意思是你感受到你做得不对，所以你应该受到惩罚。是这样吗？"

陈逸芸替自责说："是的。"

李承轩说："这是自责说的话，你觉得自己和内疚有什么不一样？"

陈逸芸替自责说："我与她们不一样，我好像对自己更了解一些，知道鞭打的原因。"

李承轩说："好。你的意思是说，你知道做得不好就要受到惩罚，就会挨打，这时候不仅仅是情绪了，对吗？这样看来，自责似乎更懂事，起码她知道做得不好要受到惩罚，只是还没有受到惩罚而已。"

陈逸芸沉默着，若有所思地看着李承轩。

李承轩说："逸芸，现在请你站在自虐的后面来。"

说完之后，他给了江美心一个提示，江美心对代表自虐的蒋梅珍说："你说比她们懂事，体现在哪里？"

李承轩说："逸芸，现在请你体会一下，现在站在自虐的后面，和先前的感觉有什么不同？"

陈逸芸替自虐沉默了很久，然后说："我觉得自己正在遭受惩罚，我做错事情得到了报应。"

李承轩问："什么报应？鞭打吗？"

陈逸芸替自虐说："不知道，我只知道是报应。"

李承轩问："报应来了的时候，你是什么反应？"

陈逸芸替自虐说："我承受。"

李承轩问："为什么？"

陈逸芸替自虐说："我不知道，我是自愿的，我觉得我必须承受。"

李承轩给了一个提示，替身江美心说："这不是犯贱吗？"

陈逸芸替自虐说："是的。"

江美心说："你为什么要这样做？"

陈逸芸替自虐说："我不知道。但是我知道只有我自己这样做了的时候，心里才能踏实一点。也只有这样做了的时候，内心中的自责和内疚才会减少一点，就像是姐姐保护妹妹不受到别人的伤害一样。"

李承轩说："逸芸，现在请你站回你的位置上去，替身美心可以回到其他人员中。"

然后，李承轩站在代表自虐的蒋梅珍背后，说："逸芸，我就是你内心的自己，请你告诉我你还看到什么？"

陈逸芸说："我不知道。但我很想知道你到底是什么样的？为什么要折磨我？"

代表自虐的蒋梅珍受到李承轩的提示后说："不是我折磨你，是你自己在折磨自己。"

陈逸芸说："不对，是你在折磨我，我都是按照你的指示去做的，要不然我怎么可能做出伤害自己的事情？我怎么会戴上自己并不愿意戴的面具扮演完美的人？"

说到这里的时候，陈逸芸觉得内心无限委屈，失声痛哭。

这个时候，李承轩重新把江美心叫到跟前，让她站在陈逸芸的后面，紧紧地抱着她，给她支持。

然后说："逸芸，你现在对面的三个人，她们各自代表着你内心的三个情结，一个是内疚，一个是自责，另一个是自虐。这三种情结并不是一开始就存在的，那么它们是怎么来到我们心中的呢？其实，这三种情结正是我们在成长的过程中，自己一点一滴培养出来的。它们存在之后，驱赶了你心中真正的自我，取代了它，并对你产生影响。小时候对你的影响不大，是因为它们还很弱小，现在它们有能力了，于是开始显示自己的力量。正是它们在你的心里，破坏了你内心的平静，驱使你把人际关系搞砸，甚至拿起刀子割自己的手腕，这是自虐会做的事情。它暗示你，你应该受到惩罚。而你相信了，是不是这样？"

陈逸芸一边泣不成声，一边点头说："是。"

李承轩走过去，伸出右手稳稳地按在她的肩头上，柔声说："有时候我们不知道为什么会伤害自己，不知道自己为什么会去伤害别人，我们只知道这不是自己的本意，但是却做出了这样的行为。为什么呢？就因为自虐情结在作怪。当我们伤害了别人，别人一定会反击，这个承受反击的过程就是自虐的表现。我们原本可以做得很好，不会受到任何的伤害。但是内心的自虐会觉得需要得到这些伤害，从而不断地暗示自己去做伤害别人的行为，以得到别人的伤害。这是自虐的第二种表现。诸如此类的事情，还有很多，我们慢慢地回忆自己走过的路，就会发现。我们一定曾经拥有过美好的东西，比如感情，但是为什么到了后来，关系会变得糟糕？我们的光明为什么会消失不见？我们的快乐为什么会越来越少？"

李承轩温和的话语就像是一阵清风一般在室内每个人的内心中拂

过，每个人都忍不住跟着他的声音，去寻找内心中隐藏的情结。此时，室内哭泣的声音突然多了起来。那些哭泣的人，是不是也和陈逸芸一样，想起了一段被自己遗忘的故事？此刻，缓缓的音乐在室内环绕、流淌，每个人都抱着自己身边的伙伴，静静地感受着自己的内心。

过了片刻，李承轩说："逸芸，你现在想要对三姐妹说什么？今天，站在 2008 年 5 月的陈逸芸，想要对内心里面几个不同的自我说些什么？"这个时候，众人的目光都看向陈逸芸，等着她开口。

良久，她终于抬起头来，眼泪纵横地看着那三个女孩子，最后，她转过身子对着内疚说："其实，根本就不需要内疚，因为，这并不是你的错！"

李承轩说："很好，大声地再说一次。"

流着泪的陈逸芸歇斯底里地喊了出来："这不是你的错，这不是你的错，这不是你的错！"说完之后，她再也忍受不住，终于放声大哭，仿佛想把内心中这么多年的苦涩和辛酸都倒出来。

李承轩在她慢慢平静下来之后，示意替身江美心将她扶起来，然后问："逸芸，这时候，三姐妹已经长大了，你怎么办？你该怎么对她们？"

陈逸芸显然没有回过神来，茫然地看着李承轩。

李承轩说："你做好准备去接纳她们了吗？也就是说，你做好准备去爱她们了吗？你要知道，爱她们就等于是爱自己。"

陈逸芸说："我不知道，我现在觉得心里很乱。"

李承轩说："我很理解你现在的心情，只是如果你不接纳她们，就等于不接纳自己。这意味着什么？意味着你要放弃自己。"

陈逸芸问："那我应该怎么做？"

李承轩说："尝试着去理解和接纳，可以吗？做得到吗？"

陈逸芸犹豫了一下，然后轻轻地点点头。

此时，三个替身异口同声地说："逸芸，我们不会辜负你对我们的用心的，我们陪你一起成长。"

这一句话又打开了陈逸芸刚刚关闭的眼泪之门，不过这一次，已经不是悲伤的眼泪，而是感动的眼泪。

此时，每个人都站了起来，走到陈逸芸的面前，拥抱着她，轻轻地随着音乐晃动，仿佛是怀抱着一个刚刚出生的婴儿。

音乐停下来之后，大家散了开来，善解人意的程蕙兰给陈逸芸倒了一杯温水，送到她的面前。她笑着接了过来，再次向刚才参与的替身们表示感谢。

李承轩说："现在，我来做一个总结。逸芸是一个很不错的女孩子，优秀，有能力，有梦想。虽然在此之前，受了内心小孩的影响，有一些能力没能完全地发挥出来，但是这些能量是一直储存在她的内心的。也正是这些力量，驱使她来找我。"说到这里，他转头对着陈逸芸说："现在我要告诉你的是，过去发生的一切，那些好的或是不好的经历，都是你人生的财富，包括内心中的那三姐妹。她们只是缺乏爱，缺乏安全感，所以需要逸芸接纳她们，陪伴她们成长。当然，这一段时间我也会陪伴你，但是我想，她们需要更多的爱，因此需要走入一些关注心灵的人群，去重新获得以前没有得到的尊重和肯定。我觉得，接下来的治疗，如果有一个温暖的团体帮助你，会进行得更加顺利一些。"陈逸芸点点头。

李承轩说："今天你见到的这几个年轻人，都来自同一个俱乐部，俱乐部的发起人也是我的一个学生，这几个人的学长。参加这个俱乐部的人都是在追求心灵成长和探讨自我的人。"

陈逸芸问："这个俱乐部叫什么名字？"

李承轩说："叫读心术俱乐部。所谓的读心，不过是说我们可以掌握一套方法，来了解我们的内心。这是一个设置安全的俱乐部，你如果想知道得更具体些，可以向严小姐咨询相关的内容。"

陈逸芸说："好的，那么我们的面对面咨询是不是结束了？"

李承轩说："如果中间有必要回到咨询室来，也是可以的。但是我觉得，接下来是你建立真正的自我的时期，只有当你对自己真正的内心有所察觉的时候，我们的咨询才能继续走下去。"

陈逸芸说："好的，我明白了。就是说我要重新塑造一个坚强健康的自我，咨询才会有意义，是吗？"

李承轩说："是的。"

和李承轩面对面的咨询结束之后，关于要不要加入那个俱乐部，陈逸芸犹豫了一段时间。因为俱乐部在 S 市，需要一个小时的车程，对于她来说还真有些困难。但是自从她在李承轩那里的咨询告一段落之后，她试图寻找方法去面对和接纳内心中的那几个孩子，却总不得要领。

于是，她继续在网上搜索关于这个俱乐部的消息。俱乐部的发起人庄令扬，是李承轩的大弟子，在跟随李承轩学习之前，他自己对心理学已经有了一定的认识，因此学成之后，回到 S 市成立了这个俱乐部。到现在为止这个俱乐部已经有 5 年的历史了。

很多人从周边的城市慕名来参加这个俱乐部，他们来俱乐部的原因不外乎几种：对未来迷茫，对自我不了解，对个人的价值感到疑惑。这 5 年来，俱乐部的人员来了又去。对于很多人来说，这里就像是一个心灵的驿站，给心灵充电的地方。内心失去能量的人，很多来这里充电之后，又继续上路了。

陈逸芸想，自己也可以成为这一类的人，一个充电者。基于这样的原因，她离开了原来自己参加的那个心灵成长小组，参加了读心术俱乐部。她觉得，对于目前的自己来说，这个俱乐部才是真正对自己有帮助的地方。

洋葱该怎么剥

　　陈逸芸按时来到读心术俱乐部，跟前台接待的工作人员表明身份之后，她被带进一个椭圆形的房间里。温暖的橘黄色灯光下，红木地板上，一群人围成一个圆圈坐着。圆圈的中间，坐着一个穿着白色衬衣、黑色长裤的年轻人，那应该就是俱乐部的发起人庄令扬了。

　　在陈逸芸正式参加俱乐部活动之前，李承轩已经和庄令扬沟通过，并了解到俱乐部最近设定的活动内容很适合她参加。因此，李承轩提出让庄令扬破例接纳陈逸芸，让她成为俱乐部的一员。

　　李承轩非常了解，陈逸芸现在最需要的不是继续做个人咨询，而是在一群拥有同样疑问的人当中获得爱和支持，从而建立自己的自信，掌握了解自己的方法。也只有通过彼此的互动和交流，爱的能力才能逐步提高。

　　庄令扬在接到李承轩的电话之后，的确有些为难。读心术俱乐部是一个封闭式的俱乐部，俱乐部每年会举行不同的主题活动，每次活动都会持续一段时间。在每个主题开始之后，不容许有成员中途加入。有特殊情况要加入的话，必须经过全体成员的同意才行，如果有成员提出异议，唯有等到下一期才能参加。

　　于是，他在上一次活动结束之后，就有新成员加入这个问题做了一个简单的调查。调查之前，他简单地介绍了陈逸芸的相关情况。成员们都一致认为，既然她也是一个急切需要获得成长的个体，那么应该早点加入这个俱乐部，早日成长，不必等到下一期。

庄令扬听到成员们的分享之后，觉得非常感动。他知道，当每一个人都有可能会在这里暴露出自己最隐私的部分的时候，要接纳一个陌生人是多么不容易的事情。他们愿意接纳一个陌生人，是对他的肯定和信赖，也是对他们自己的肯定和信赖。

庄令扬向成员们介绍了陈逸芸之后，成员中响起了热烈的掌声。每一个人都用自己独特的方式向她做了自我介绍，化解她这个"侵略者"的尴尬，让她真正感受到了团体的温暖，并快速地融入这个群体当中。

庄令扬看到陈逸芸找到属于自己的位置坐下来之后，清清嗓子开始说话了：

"好了，今天的活动要开始了。今晚多了一个新成员，正是因为大家的接纳，她才来到这里的。信任和接纳也是一种珍贵的能力，现在，请为我们都拥有这样的能力而鼓掌。"

成员们听到庄令扬的表述之后，互相对视，一边鼓掌，一边发出会心的微笑。

庄令扬继续说："我们在一生中会遇到各种困惑和烦恼，这些困惑和烦恼有些是由外部原因引起的，有些是由内在原因引起的。所谓外部原因，就是我们的家庭、工作和人际关系；而内部原因，则是我们自己的心理、思维、价值观和对自我情绪的察觉。在生命的过程中，我们都会不自觉地去探索和了解自己。读心术心灵成长俱乐部从开办以来到现在，已经有近千人曾经参加，我有幸和大家一起去分享彼此各自的生命故事，和大家一起成长。通过每一次的分享，我们彼此都获得了心灵的成长和修复，我们都会感受到生命的喜悦和价值的体现。

今天因为有新成员加入，所以我将重申这个俱乐部现行的实现个人目标的三个方式。

"第一，是我会通过相关的活动，把我所学的社会学、心理学知识，以及我在运用这些知识的时候获得的经验与大家一起分享和探讨。各位在探讨的过程中，可以结合与自己相关的部分，整合其中的经验，用自己的方式，来探索自己的心灵。

"第二，我们假定每一个生命都是独一无二的，都拥有独特的光华和价值，都拥有美玉一般的品质和能量，每一个人都是自己心灵成长的导师，也有能力成为别人的心灵成长导师。也就是说，当我们看不见的时候，别人可能会成为我们的眼睛；当我们想要检视自己的时候，别人有可能是我们对照的镜子，我们可以通过这面或那面镜子看到自己拥有的特质，发现自己的优点，看到自己的缺点，这要靠成员之间的互动来完成。而彼此之间的互动，应该是毫无保留的，而且必须是真实的、真诚的。

"第三，每个人来到这个世界之后，都会从不同的人群身上学到不同的东西，比如家人、老师、学者或社会上的企业家。我们通过他们的言传身教或从他们的感人事迹中收获到智慧。其实，这样的智慧是不是只有他们才能拥有？我们自己身上有没有这样的智慧？答案是：这样的智慧不只他们身上具备，事实上我们每一个人都具备。关键就在于，你用了多少的时间和精力去体察自己，去了解自己，去发掘自己？我们自身并不缺乏智慧，我们所缺乏的，不过是真实面对自己时的体验。要体现这些智慧，我们就需要走进自己的内心深处去体验自己真实的感情。那些智者所言，亦正是其自身的体验。只有这样，才能真正地成长。"

庄令扬的话音刚落，大家很热烈地鼓起掌来。掌声过后，他接着说："除此之外，我还要重申一个规则，那就是我们每一个人都有属于自己的故事，我们相聚在这里，把自己生命中发生的故事和其他人一起分享，这是基于对每一个成员的接纳和信任。因此，我们团体中的每一个人，不但要为自己的故事负责，还要为别人的故事负责。在这里，出于对别人和对自己的尊重，我们需要做出一个承诺，承诺在活动过程中听到的、看到的一切，我们只会带走内心的感受，不会带走相关的情节。现在，让我们把手放在胸口，做一个宣誓，承诺一定做到的人，请大声地念出自己的名字，表示以人格担保遵守此项规则。"

直到念出自己的名字，陈逸芸心中才有一种尘埃落定的感觉。这个时候，她的内心不但觉得感动，还多了一种归属感。她觉得，自己一直寻找的，正是这种被尊重和认同的感觉。在这里，她不但被自己认同，还被其他的人认同。而且这种认同是真诚的、真实的，没有丝毫做作和虚伪。更何况在这个团体中，她还发现几张熟悉的脸孔。那就是上次李承轩用心理剧治疗的时候，曾经扮演过替身的程蕙兰和江美心，见到她们时，这个团体让她备感亲切。

庄令扬在众人宣誓过后，重拾话题："今天的主题是'剥洋葱，找自己'。"听到这里，众人都面面相觑，不明所以。

庄令扬微微笑了一下，说："洋葱我们都见过，都吃过，对吧？有没有人能告诉我，它是什么样子的呢？"

成员李龙说："一层一层，很紧密地包在一起。"

庄令扬说："没错。可是我们吃洋葱的时候，往往都是用刀切，而不是一层一层地剥，对吧？"

众人都笑着点点头。

庄令扬说："了解自己的过程，其实就像是剥洋葱一样。剥洋葱的时候，我们会因为洋葱散发出的刺激气味而不断地流泪。这和我们在探索自己的时候遇到的刺激是一样的，同样会令我们痛苦、流泪。

现在，我想问问我们的成员中，有没有对待自己像剥洋葱一样层层深入的人？"

庄令扬说到这里，众人才明白剥洋葱的真正含义，不由得相视笑了起来，这个比喻实在是太贴切了。

李龙说："我来分享一下吧。3年前，我在公司里面因为有了一些小贡献，因此得到晋升和嘉奖。那个时候，这样的光环完全遮盖了我，让我有些忘乎所以了。我觉得我比身边的每一个人都强、都厉害，觉得自己受到晋升和嘉奖是天经地义的，而且是必然的。于是我改变了自己对别人的态度，渐渐地，我发觉自己越来越孤独，我再也找不到人说话了。以前和我一起奋斗的同事，当我再去找他们喝酒聊天的时候，他们开始推辞了。我不明白这是为什么，我很茫然，而且难受。这个我曾经热爱的集体，好像丢弃我了。而身边围着我转的那些人，说着奉承的语言，带着献媚的笑容和我交往。我每次看到他们，就会问自己，这就是你要的吗？你需要的原来是虚伪的赞美和荣誉吗？这些东西能够带给你什么？于是，我开始思考自己的转变，并且希望找到一种方法可以重新调整自己和同事之间的关系。也正是因为这个，我才参加这个俱乐部的。"

陈逸芸在李龙讲述自己的故事的时候，不由想起以前成龙演过的电影叫《我是谁》，讲述的是一个因意外事故失去记忆的特工寻找自己的故事。

她觉得寻找自己、发现自我的过程，也正是知道"我是谁"的过程。假如自己真是一个洋葱，那么最接近他人的部分，肯定是离自我最远的部分。那么，这一部分是怎么造成的呢？究竟是什么原因，让我们把自我重重地包裹起来呢？

她想起了父母对她的期待。父母从小就希望她长大以后是一个知书达理的人，将来嫁一个好人家，享清福，让父母也能沾点光。所以她"知性"的外衣是因为父母的愿望穿上的。那么自己的身上究竟有多少类似的外衣呢？那些为了迎合别人不知不觉中穿上的外衣。这一层一层的包裹，由柔软到坚硬，让自己越来越远地离开自己的内心。想到这里，她不由得产生了快点把自己弄清楚的愿望，她希望自己能够早日接触到真实的自我。

李龙这个时候结束了自己的分享，庄令扬问："逸芸，我注意到你在李龙分享的过程中一直若有所思。是否有新的感悟呢？愿意和大家分享一下吗？"

陈逸芸说："我听到李龙的分享之后，认为我们现在身上的外壳，其实是为了得到这个社会和我们身边的人的接纳才穿上的。比如，我们希望得到别人的称赞，于是让自己变得乖巧、能干；为了让别人认为自己通情达理，而掩饰自己真正的需要，去迎合别人的需要成为这样一个人。我们过于在乎别人的看法，于是愿意穿上各式各样的衣服，久而久之，就形成了坚硬的外壳，把真实的自我给包裹在最里面了。我们给了这样的外衣一个合理的名字，叫作保护体。但是其实，这并不是保护体，这等于是造了一个将自己完全软禁的房子，自我被绑架了，被完全地遮盖了。而现在我们就是要攻破这层层的关卡，把它给救出来。"说到这里，成员们已经忍不住报以热烈的掌声。

庄令扬说："说得非常在理，发现自我的过程的确是不容易的，需要一步一步慢慢地实现，不能操之过急，因为这些裹在我们身上的壳，有些厚，有些薄。如果我们未经了解就动手，用同样的力度，就很容易会伤了自己。接下来，谁愿意分享一下自己听到这番话的感受？"

在整个过程中，陈逸芸获得了从来没有过的满足和自信，她第一次认识到自己其实有能力认识自己，过去一直未能这样做，是因为缺少了自信和力量。

接下来整整 10 天的时间，她一直都在不断地思考着这个问题，怎么获得自信和力量？她不断地追问自己："我是谁？我究竟是一个什么样的人，剥开了重重的包裹之后，自己究竟是什么样子的？"

　　除了拿起画笔画画，她甚至还从市场上买了几个洋葱回来剥，希望通过这样的行为找到一丝灵感。她曾经剥开过一个里面是空心的洋葱，这又给了她一个悬念。是不是每一个人剥开了所有的外壳之后，都会发现自己？有没有人在剥开了所有的外壳之后，是空心的？那么，这个时候该怎么办呢？

　　想到这里，她忍不住拨通了李承轩的电话："李老师，你现在有空吗？我想和你探讨一个问题。"

　　李承轩说："刚好有空，你有什么问题要和我探讨的呢？"

　　陈逸芸于是把参加俱乐部的情况大致说了一下，然后问："我很想知道，会不会有人剥开了所有的外壳之后没发现自我的？"

　　李承轩笑着说："并不排除有这样的人，但是那些人已经不属于我们的研究范围了。我现在倒是很有兴趣知道，你剥开了洋葱之后，发现了什么样的自己？"

　　陈逸芸说："我吗？我发现自己是个缺乏安全感的，需要爱，渴望被爱的女人。"

　　李承轩说："这很久之前你就已经发觉了，你现在有没有新的发现呢？比如，你的安全感是在什么时候失去的？是因为什么失去的？你爱人的能力又是在什么时候失去的？这些你想过吗？"

　　陈逸芸说："看来，我还真得想一想这些问题，而不应该去纠缠剥开洋葱之后能不能发现自己的问题。"

　　李承轩说："是的，剥开之后有没有自我，也不是什么特别的问题。有可能，自我在剥洋葱的过程中，已经慢慢地恢复了，那么剥开之后，自然不会再发现被禁锢的自我了。"

陈逸芸说："是啊，我怎么就没有想到这个问题呢？这个电话还真打对了，谢谢李老师的指导。"

李承轩说："不客气，以后想到什么问题，值得探讨的，我们都可以彼此交流一下自己的看法。我一直认为，思维要经过不断的碰撞，才会产生让人惊喜的火花。"

陈逸芸挂了电话之后，想起庄令扬说的一句话："我们每一个人只要勇于探索，勇于尝试，一定会有全新的体验。"

她心想，这几天所想的、所做的，就是一个全新的体验了。她相信，只要自己坚持参加这个阶段的活动，新的体验还会陆续到来。

穿上马甲也认得你

在橘黄色灯光笼罩的椭圆形房间里，陈逸芸怀抱着一个绿色的方形小枕头，以最舒服的姿势坐在木地板上，诉说着自己这几天获得的感受。

她说："通过剥洋葱的活动，我清晰地认识了自己在成长的过程中出现的问题，也就是说找到了成为今天的我的一部分原因。我上次分享过，在我们成长的道路上，我们会因为过于在意别人的评价，而丧失了自己的价值观。从父母和师长的角度，他们认为这是一种教育的方式。的确，孩子是需要教育的，不经过教育也不会成长，但是教育孩子要和孩子本身的特点相结合。显然，我小时候父母没有想过这些，他们用自己觉得有效的方式来教育我，而我对这样的方式显然没有分辨就接受了，所以，今天的我就成了他们期望的我，而不是真的我。至少，不是全部真的我。我做事或做人，都会先从别人的眼睛里看自己，先衡量一下后果，结果我放弃了很多自我的决定。甚至有可能，我根本不敢产生自我的决定。当我发现了这一点后，我做任何重要的决定之前，首先会问自己，这是为谁做的？

"我举一个例子，之前，我的同事已经习惯让我帮她复印东西，因为复印室比较远。每次只要我即将走出办公室，她都会叫住我说：

'逸芸，顺便帮我拿什么东西去复印啦。'为了保持一种老好人的形象，我有时候甚至会特意绕到复印室去帮她复印，但其实内心是很不情愿的。最近我觉得自己最大的进步，就是懂得拒绝了。我在她再次要求我帮她复印的时候表达了自己的真实想法，我说：'我这次是出去采购文具，不经过复印室，你自己去复印吧。'虽然这是很简单的一句话，但是我知道，对我来说，要说出这样的话并不容易。而我能够说出这样的话，也就表示，我已经剥离了一件外衣，束缚我的外衣，我离自己又近了一些。"

庄令扬在听的过程中，不断地点头。这一次，他从陈逸芸的言谈中，发现她变得更加从容了。他知道，她的自信心已经慢慢恢复了。听她分享完之后，他说："听到逸芸的分享，我觉得非常高兴，她的进步很快。我想我们都应该给她热烈的掌声，表示祝贺。"

陈逸芸说："这是我这几天来的心得，很高兴能够在这里和大家一起分享。接下来，也很希望你们能和我分享你们的体会。"

周围突然沉默了下来，陈逸芸对这突如其来的沉默感到一些不适应，转头看看庄令扬。只见他依然淡定地坐在人群中间，脸上带着淡淡的微笑。

陈逸芸想，为什么我的内心会有惶恐的感觉？我真的如自己所说的那样，不在乎别人的看法了吗？那么，为什么掌声和老师的肯定会让我觉得快乐？

想到这里，她不由得又想，肯定和掌声，会让每一个人都感觉快乐的，不单单是我，这本来就是人的自然反应。只不过，以往我是过分重视，以致去刻意追求罢了。

刚想到这里，就听见庄令扬说："刚才听了逸芸的分享，各位内心有什么样的感受呢，是否可以分享一下？"

成员刘伟说："我觉得，我们每个人在社会上都扮演着不同的角色，戴面具有时候是需要的，如果完全以真我示人，难道不会受到伤害吗？"

庄令扬说："这个问题问得很好，现在，谁来帮他解答一下？"

这个时候，程蕙兰坐直身子，调整了一下姿势说："让我来说两句吧。是的，我认同刘伟的话，我们在社会上的确是扮演着不只一个角色，每一个角色，就等于是一个面具。但是久而久之，我们已经发展到不只保护面部的表情，还保护自己整体。也就是说，我们身上开始穿马甲。这个马甲是个比喻，就像是洋葱的每一层。本来穿上马甲自我保护也无可厚非，最怕的是我们不愿意脱下来，以此作为保护壳，这是一件很可怕的事情。"

说到这里，她停顿了一下，众人报以热烈的掌声。

她端起放在身边的茶杯，喝了一口，然后说："慢着慢着，我还没有说完呢。"

大家听到之后，不由得都笑了起来。

蕙兰说："另外我觉得可怕的就是，我们自己也不知道身上究竟穿了几件马甲，我们往往在穿上马甲之前，只参照过去的经验来评估，认为事情有危险性，对自己存在威胁，就会随手拣件马甲穿上，事实上，威胁是不是真的存在？马甲是不是真的有必要穿上？很多人恐怕都没有认真考虑过。结果，马甲越穿越厚，甚至演变成在家里也穿着，脱不下来了，久而久之，就变成人家认得你，而你不认得自己了。就像赵本山演的某个小品中的一句台词一样'穿上马甲我也认得你'。"

说到这里，大家不由得又笑了起来。

等大家笑完之后，蕙兰又接着说："最后我要说的并不可怕，我们也知道，我们来到这里，是因为对自己不够了解，也不知道怎么去了解。但是，我们需要的不只是能看清穿了马甲的自己，还要看清穿了马甲的别人。我很想知道，是不是只有心理学家才能透过现象看本质？是不是只有他们才能通过一个人的行为就明白相关的缘由？事实上在现实生活中，我们不具备心理学专业知识的人能够把此类人辨别出来吗？各位是怎样识穿别人的马甲看到他内心的呢？"

蕙兰说完之后，成员们都陷入了沉思中。

不久，坐在陈逸芸旁边的江美心开始说话了："我觉得要看穿别人的马甲，首先我们应该对各类的马甲有个认识。还有，我们是不是一定要看穿他的马甲？我们能不能接受别人穿着马甲出现在自己的面前？如果我们不能够接受，又是为了什么？我们不接纳穿了马甲的人，这和自我接纳有没有相关性？"

美心话音刚落，坐在她旁边的蕙兰接过话头："不接纳穿了马甲的人，和自我接纳一定是相关的。很多时候，我们会不接受一个人，通常是因为一种投射，极有可能在对方的身上，体现出自己的某一种品质，而这种品质，是自己不能接受的。因为，从某种意义上来说，不接受他人，也就等于不接受自己。所以，庄令扬老师才会一再强调，接纳也是一种能力。当我们能够坦然地接受他人的时候，证明我们的自我是有力量的。而且，只有当我们接受了他人之后，才能了解到他究竟穿了哪一类马甲，以及他穿马甲的原因。并不是说穿上马甲不以真面目示人的都是伪君子，对吗？我觉得只有当我们有接纳别人的能力的时候，我们才会变得越来越强大，越来越完善。"

蕙兰分享完毕之后，成员们又陷入了沉默之中。

这时，庄令扬开始说话了："今晚听了大家的分享，感觉到各位的成长，让我觉得非常开心。的确，接纳是最重要的。一开始在逸芸和我们分享她的感受的时候，她也充分地表现了自己的接纳。她接纳自己不是每一次都能够帮助到别人，因此表达了自己真实的想法，不再强迫自己为那位同事复印文件，这是一个非常可贵的转变。至于怎样看穿一个人身上的马甲，这也是要在读懂自己之后才能做到的事情。每一个人的心理，其实都没有本质的区别，当我们学会理解自己之后，也就意味着我们已经有能力去理解别人了。其实不穿马甲在社会上出现的人，是不多的。正如刘伟所言，马甲是自我保护的一种形式。我们没有害人之心，但是防人之心不可无。我们所要掌握的，是度的问题。只要明确知道什么场合需要穿，什么场合不需要，这就可以了。"

回去的路上，陈逸芸想起了一件往事：

在四年级的时候，自己因为穿了一条有补丁的裤子而遭到班上一个有钱同学的嘲笑，自此之后，她不再和有钱的同学交往。事实上，到了读初中之时，家里的境况已经大有好转，但是她和班上有钱的同学却始终保持着距离，哪怕人家是因为学业上需要得到她的帮助而找她，她也懒得搭理，于是有些同学忍不住在背后说她故作清高。这应该就是她的第一件马甲。

结合当晚的内容，她明白这是一种过度自我保护的行为。可是在那个时候，她又岂能明白呢？而现在自己的身上，还不知道有多少件外衣是属于孩童时代的。不过，她相信，只要不断地对自己进行探索，无论多少件外衣，她都会数清楚的。

想到这里，她不由得又想起了自己的女儿晓媛。她现在是不是也开始懵懵懂懂地穿上自我保护的外衣了呢？这个孩子从小就沉静，从不会缠着自己问这个问那个。自己再次结婚的时候，要她叫继父为爸爸，她也毫不犹豫，并且从不会提出要去看自己的亲生父亲。她真的就这么乖巧吗？她的内心真的没有疑问吗？究竟是什么让她抑制了自己的好奇？

她不希望孩子长大以后像自己一样，要承受内心的煎熬。可是她也知道，如果自己继续忽略自己的孩子，让她感觉自己缺乏爱，她长大以后，一定也是一个缺乏安全感，缺乏爱人的能力的女孩子。如果那样，她怎么可能经营好自己的生活？想到这里，她不由得心如刀割，开始悔恨自己对女儿的疏忽，恨不得马上就回到女儿的身边，向她表达自己对她的爱和自己的忏悔，希望能够抚平自己给她带来的伤害。

拔腿毛的小女孩

陈逸芸抱着方枕，靠在墙壁上，看着正在说话的庄令扬。今晚活动的主题是"内在小孩"。

庄令扬坐在她的对面，室内温和的灯光落在他的脸上，像是给他镀了一层光芒，他说："在每个人的内心都有一个小孩，这个小孩就是自我。一个人在生命旅途中，会经历各种各样的事件，今天的自己，就是由此塑造而来的。为什么我们的自我会一直住在心里，而不是伴随着我们长大呢？是因为过去的那些事件从我们经历的那一天起，就一直困扰着我们，我们一直没能从某个事件中走出来。每个人生理成长的历程大致是相同的，都是分步进行的，且每一阶段都有发育的主题。

"例如，孩子在 2 ~ 4 岁的时候是语言发育的关键期，而语言与思维关系密切，因此，如果错过了这个关键期，就会在其心理上造成某种缺陷，甚至终身无法弥补。也就是说，每一个阶段都有一个最佳引导时期，这是人类在生物科学研究中不断总结出来的规律。同样，我们每一个心理发育阶段也有不同的主题。1 ~ 3 岁是一个孩子构建原始信心的时候，这种原始的内在信任是一个人心理发展的基础，这个时候是原始信任感发育的关键时期。

"现在的人，也越来越注重小孩子安全感的建立。当一个孩子出生之后，有经验的护士会将他紧紧抱在怀里，或者找一些柔软舒适的毯子把他包裹起来。通过这样的方式，来消除他在经过产道挤压时造成的恐惧，让他得到安全感。如果一个孩子的安全感没有建立起来，那么他长大以后就会成为一个缺乏安全感的人，而且不容易对人或对事产生信任感。

"有一个女孩，在她两岁的时候，被父母放在外婆家抚养。这桩突然和父母分离的事件，让她首次体验到创伤，从而产生了被抛弃的感觉。而这个创伤如果一直没有得到修复，那么她长大之后，在自己的亲密关系中就会随时把这种不安全感体现出来。比如一旦伴侣不告诉她他的去向，她就会忍不住胡思乱想，严重的时候可能还会雇人跟踪自己的伴侣。这个时候即使对方跟她解释、澄清，作用也是不大的。结果，因为对方感觉自己不被信任，亲密关系可能会遭受破坏。这种不信任感，其实是过去被抛弃的小女孩的不信任。这种做法是过去受到创伤的小女孩害怕过去的事件会重演，害怕自己会再次被抛弃而做出的行为。这个停留在内心深处一直没有长大的女孩，我们就称为内在小孩。"

庄令扬说到这里的时候，陈逸芸不禁想起了自己内心的三姐妹。她们正是一直受着过去事件的影响，并且一直跟随着自己，虽然无形无影，却的确在自己的生活中随处可见。

庄令扬说："根据我的经验，内心的小孩并不一定都是创伤型的，还有一种是天真型的。"

刘伟说："庄老师，天真型小孩和创伤型小孩有什么不同？"

庄令扬说："在我们的生活中，你们有没有发现一种人，特别好玩。他们有可能到了三十多岁还不愿意结婚。和他们相处会很愉快，但是他们不愿意负责任。在责任面前，多数会选择逃避。这是在温室里长大的小孩，成长过程中非常顺利，没有受过什么挫折和考验，所以我们把这一类的人称为天真型小孩。"

江美心说："天真型小孩我没有见过，不过我觉得自己是一个创伤型小孩。"

只听庄令扬说："你说自己是创伤小孩，你是根据什么判断的呢？"

美心说："曾经有一个很好的朋友跟我说，其实有时候和我相处是一件很累人的事情，因为有时候她们不得不提防我。"

大家听了之后，都非常感兴趣，端正身子等着她说下去，庄令扬也饶有兴趣地看着她。

她说："举个例子吧。我有个朋友是做化妆品生意的，她代理了一个知名品牌。某天，我主动说要介绍一个客户给她，但是正当她在跟那个人介绍自己的产品时，我却说某个品牌的同类产品用起来感觉更好些。更要命的是，我说了自己却一无所觉。要等事后人家问我是什么意思的时候，才想起自己说错了话。事后我也后悔自己实在不应该在那个场合说这样的话，但是为时已晚。这很伤朋友之间的感情。"

庄令扬问："这样的表现，很经常吗？"

美心说："不是很经常。偶尔一次就不得了了，如果经常的话，人家还不和我绝交啊？"

众人听了之后，不由得笑了起来。

庄令扬说："我感觉，这是一个喜欢恶作剧的小孩。她喜欢引起人家的注意，会在别人不理会她的时候做些小动作，比如，偷偷摸摸地跑到大人的身边拔他的脚毛，在别人责怪的时候，会觉得不好意思，但是内心却会有得逞的喜悦感。"

美心说："老师，我没有喜悦感。事实上，我事后觉得蛮难过的。"

庄令扬说："我相信你没有喜悦感，但是你内心的小孩一定有。而且，我相信她不会见人就拔腿毛，她会恶作剧必定是有原因的，也许那个人让她觉得不舒服。你好好地想一想，各位成员也想一想，自己的内在小孩，有没有做过什么恶作剧的事情，为什么做？"

陈逸芸说："类似的恶作剧，我曾经在母亲的身上做过，也在我以前的男朋友身上做过。我想，也许是那种让我们感觉又爱又恨的人身上，我们会做得比较多一点。主要是希望他能够注意自己。"

美心说："引起注意？我倒觉得自己像是在卖弄什么呢。可是我又不知道自己在她面前有什么要特别卖弄的。我真的糊涂了。"

庄令扬说："这个问题才刚被提出来，你暂时发觉不到关键点，也是正常的。但是可以把这个当作一个线索，然后顺藤摸瓜，相信问题的答案很快就会水落石出的。不如这样，我把这个问题当成作业。你们回去之后，找个时间好好了解一下自己的内在小孩，并将他所表现的行为特点写出来，而且要注明他的年龄。作业在下一次活动时带来讨论。下一次的活动依然是以"内在小孩"为主题，不过我会换一种方式。事实上，我们了解自己的内在小孩有很多种不同的方式。而下次我们将要使用的技巧，是李承轩老师自己创造的一个技术，他用这个技术，已经帮助不少人达成了自我成长。希望各位在经过那个技术处理之后，能收获更多。"

在庄令扬谈到天真型小孩的时候，陈逸芸想起了杨浩然。

杨浩然的家境一直很不错，父母亲早期因为得到了一个海外亲戚的扶持，自己开了一家贸易公司。因为夫妻俩经营得当，生意越做越大，后来在外地又开了一家分公司。

杨浩然是独生子，从小就很受父母宠爱。无论是生活、学习还是工作，自己从来没有操过心。每一个阶段，父母都帮他打点好一切，他只需要身在其中就行。

陈逸芸后来应聘到杨浩然父母开办的分公司工作。他读完研究生之后即走马上任到该公司担任总经理职务，在他就任之后，她经人事部推荐，成为他的私人助理。

她比杨浩然年长两岁，所以一直将他当弟弟般地照顾，小到衣帽鞋袜，大到公司会议，无不安排得妥妥当当，从来没有让他费过神。因此，杨浩然对她特别有亲切感，特别依赖她。后来逐渐对她产生了爱情，表示要追求她。

陈逸芸一开始并不接受他的追求，因为她不想让自己成为一个超级保姆。但是杨浩然并不理会她的拒绝，继续执着追求，每天不是送花就是送礼物，并开始接触她的家人，希望通过家人来说服她。

杨浩然本人其实并没有什么不好，唯一的不好就是不像一个成年人。但正是这种小孩般纯真的心性，让他在陈家大受欢迎。陈逸芸的父母一致认为，他是一个值得托付终身的人，并且家里有钱，嫁过去后不用受苦。她见到父母如此喜欢，并且自己也感觉到他的真诚，于是开始和他交往。

两个人在交往不久之后就结婚了。结婚之后，她不再在公司工作，而是回归家庭做了专职的家庭主妇。婚姻生活还算愉快，但是孩子的出生却让彼此之间的关系发生了巨大的变化。在知道自己怀孕之后，她兴奋得睡不着，但是杨浩然却丝毫没有做父亲的喜悦。不但如此，她每次产检，他既不会陪她去医院，对检查的情况也不过问。

他的态度让她觉得难以接受，这孩子是两个人的，而他却觉得和自己没有任何的关联。甚至在她生孩子的时候，他以公司事务繁多为借口，没有到场。孩子出生之后，他连抱都没有抱过，感觉就像是别人的孩子一样。最让陈逸芸难以接受的是，他居然把孩子当成是自己的敌人，认为这个孩子抢走了她。甚至后来，作为对她疏忽他的报复，他开始追求别的女人，发展到最后，公然承认婚外情。

陈逸芸无法接受他的转变，于是提出离婚，孩子归她抚养，杨浩然每月支付女儿若干生活费直到她成年。离婚之后，他一次也没有来看过自己的孩子。直到离婚后的第三年，他突然得了重病。那时候他以为自己将不久于人世，于是提出要见孩子，晓媛才第一次跟他见面。晓媛在他生病的时候几乎天天陪在他的身边，让他充分感受到了做父亲的乐趣和尊严。于是病好之后，他依然提出要和孩子见面，陈逸芸对他以前对孩子不闻不问的态度耿耿于怀，不愿意让他接触孩子。为此，晓媛有段时间对他很失望。现在回想，她不知道杨浩然以前的内在小孩算不算是一个天真型小孩。

但是不管他过去如何，现在的他真是成熟了不少。以前他主动要认识她的父母，不过是希望她的父母能够帮助他说服陈逸芸嫁给他。现在，他对她父母的关心却是完全出自内心的。每次到"亲子日"的时候，他都会带些小礼物给陈逸芸的父母。东西未必贵重，但是对于老人家来说却很实用。甚至有时"亲子日"，他也不带晓媛去外面玩，就赖在陈家和陈父下棋。

陈逸芸知道他又开始使用当年的纠缠策略了，但是偏偏家里人就吃他那一套，大人小孩都欢迎他，还巴不得他就住在家里。闺密何敏华和林凤同时也在劝说她重新接纳杨浩然，不为了谁，就为了孩子。陈逸芸每当听到这些话的时候，总觉得特别郁闷，有苦说不出。

虽然她知道自己现在经历的那段感情未必能够带给自己幸福，尽管那个人也说她和杨浩然复合是对她最有利的选择，但是，每当他这样劝说的时候，自己依然会忍不住觉得难过，认为他不过是希望早点摆脱她，回归家庭。

结果，陈逸芸又开始回避杨浩然，只要是有他出现的场合，哪怕是父母家，她也会找到各式各样的借口，避免出现。

父母无法理解她的做法，对她的行为觉得很失望。正是因为如此，他们对杨浩然就加倍地好，因为他们觉得是陈逸芸辜负了他。这真让陈逸芸哭笑不得。

石头的故事

　　陈逸芸来到俱乐部的时候，就看见木地板上放着一块白色的毯子，毯子上面放着一堆石头。先来的人，都静静地坐着，没有人说话，好像都在猜测石头的用途。

　　她坐下来之后，认真地看了一下那些石头，发现这些石头形状颜色各不相同，各有各的特色，让人觉得，这一堆的石头就像是今晚坐在房间里的、有着不同的面孔的人一样。

　　这个时候，庄令扬推门进来，坐到他平时习惯坐的位子。今晚他穿着一件粉红色的衬衫，配上蓝色的牛仔裤，显得神清气爽，给原本有些沉闷的气氛注入了一些活力。

　　他说："我知道大家对这一堆石头很好奇，很想知道它们为什么会出现在这里，有什么用。我现在告诉大家，今晚我们要进行的活动主题叫作'石头的故事'。这一堆石头，虽然是没有生命的，但是它们却可以代替我们讲述心中的故事，帮助我们成长。现在，每一个人来到石头的面前，挑选一个自己看起来最有感觉的石头，被选中的石头，会在接下来的活动中代表自己发言。今晚，它就是你的内在小孩。"

　　说到这里的时候，他环视了一下周围，温暖的眼神随着轻柔的声音，在每一个人的心坎上轻轻拂过，带走了白天的疲劳。

巧巧说："老师，我觉得自己内心里有几个内在小孩，那我是找一块，还是找几块？"

庄令扬说："这个问题问得好，也许这个时候，我们能够感受到自己的内心中有几个不同的小孩存在，但是，却不是每一个小孩都需要在这个时候成长，是不是？那么，我们只需要跟着自己的感觉，找一个缺乏力量的孩子出来，并且帮助他选一块石头，就可以了。"

陈逸芸来到石头旁边，一时之间不知道自己该如何选择。目光流转之间，她突然发现有一块黑色的石头被寻找石头的众人挤出了石头堆，正往毯子的边缘滚动。不知道为什么，在石头停止滚动默然躺在毯子边缘的时候，她觉得自己的内心好像被什么东西悄悄地扯动了一下。于是，她没有再犹豫，伸手捡起这一块石头，重新回到自己的位置。

她坐下来之后，摊开手心，仔细端详着自己捡来的这块石头。这是一个表面很光滑的小家伙，此时，室内的光线照在它的身上，散发着柔和的光芒。这个时候，她才发现石头上有几处细小的裂痕，像是被锋利的刀尖划开的口子，并不像远观时那样光滑。

她不觉想到了自己，眼睛不由变得温热起来。

庄令扬看到每一个人都选好石头回到自己的位置之后，说："现在，请各位给自己手中的石头取一个名字。"

刘伟问："为什么要取名字，有什么用？"

庄令扬说："你一出世，你的父母是不是就给你取了一个名字？"

刘伟说："是的。"

庄令扬说："所以，你给石头取名字，和你父母给你取名字是一样的。承认、接受它的存在。"

陈逸芸这才知道给石头取名的意义。她想了想，既然石头代表的就是自己，那么就用自己的名字为石头命名吧。

她刚确定下来，就听见庄令扬说："现在，请把你们的石头放在自己面前，静静地看着它，去感受它。它就是我们曾经的自己，它是躲在我们内心的真实的自我。在我们知道它的存在之前，我们看不到它，听不到它，也不知道它，它其实时时刻刻影响着我们的生活。此刻，既然我们已经知道了它的存在，那么，就请好好地去感受它，去体会它和自己之间的连接，去体会它的需要和它的渴望。如果你感觉到了，请你给你的石头写一封信，告诉它你现在的感受。"

陈逸芸凝视着面前摆放在木地板上的石头，石头沉默不语，却似乎在控诉。控诉这么多年来，她对它的忽略，控诉她看不到自己的恐惧，看不到自己内心的委屈，控诉她一直将自己封闭在漆黑的世界里。此时，她的眼泪扑簌扑簌地掉了下来，落在石头上。

她拿起身边摆放着的纸笔，写道："小芸，你好。我是长大后的逸芸，今年35岁。今天是第一次正式地和你说话，希望一切都还来得及。我想，这35年来，你一定在努力着，希望和我沟通，但是我对你的存在却没有任何察觉，真是对不起。现在，我终于知道，原来过去的经历，影响的并不是我，而是你。是你一直没有办法摆脱，并通过各种形式想要告诉我，而我却不明所以，让你遭受了巨大的痛苦。我并不知道，我悲叹着生活对自己的不公平，原来这也是你的心声。同时，我瞧不起自己，怨恨自己，却不知道我是在怨恨着你。其实我又有什么理由来怨恨你呢？你是那么可怜，你告诉我，你渴望被爱，渴望温暖，渴望安全。然而我却把你的愿望曲解了，我用了一种并不适合的方式，让你更加难受。而我到现在才真正明白，为什么你会愤怒。"

周围很安静，所有的成员都沉浸在自己的思维当中。陈逸芸写完之后，停下笔，把石头握在自己的手心里。她闭上眼睛，感受着从手心里传来的存在感。此时，她的眼前突然又浮现出那个躲在墙角的孩子。

那孩子正抬起头来，默默地看着她。陈逸芸知道，这就是过去的自己，受了委屈不被人理解的自己，于是快步走过去，把她紧紧地抱在自己的怀里。她感觉到那小小的身体挣扎了一下，但是，她没有因此松开自己的双臂，而是更加坚定地抱紧她。

时间一分一秒地流逝，她们就这样静静地拥抱着，谁也没有说话。慢慢地，她感觉那个小女孩伸出手来，抱住自己，并且开始哭泣。她知道，这个时候，两个人的内心，已经开始建立起一种坚定的连接。想到这个，她再也控制不住，又一次热泪盈眶。

突然，她感觉到一股力量从自己的肩头上传过来，睁开眼睛回头望去，就看见庄令扬正站在自己的背后，他的左手，正按在自己的肩膀上，他的眼神，依然透着无限的温和与坚定，给人一种安全和踏实的感觉。于是，她向他点点头，感谢他对自己的支持。庄令扬在她的肩头上轻轻地拍了一拍，然后离开，去另外一个成员的身边，给予同样的支持。

中间休息过后，庄令扬让成员彼此分享写给石头的信。

刘伟照例第一个举手分享，只听他念道："多多，我终于知道，这些年来是你在影响着我，可是，我不知道你在担心什么。如果说，小时候的你没有力量，不能自己左右一些事情。但是今天的我，却已经有了足够的能量。为什么这个时候，我们依然不能够好好地相处呢？你还害怕什么吗？所有的一切，我都已经有足够的力量去面对，你只需要跟着我踏实地往前走就行了。"

在刘伟读信的过程中，陈逸芸又看了一下自己写的信。因为她在他的信中没有感受到爱和温暖，只有理性的分析。这和她过去与内在小孩沟通的方式是一样的。看着自己的信，看到字里行间都是在对内在小孩表达自己的情绪和情感，她真正地感觉到了自己的进步。

庄令扬在刘伟念完之后，问道："这是刘伟写给石头的信，大家听了之后，感觉如何？"

陈逸芸说："我听了刘伟的信之后，觉得他有点像在说教。就是大刘伟在教育小刘伟。"

众人听到她的话之后，都笑了起来。

刘伟不好意思地挠挠头，说："可是，我平时就是这样子的啊。"

庄令扬说："如果，别人在你最脆弱的时候，也写这样一封信给你，你看了之后会有什么感受呢？"

刘伟听了之后，愣愣地坐在那里，说不出话来。显然，他还没有发觉自己的信有什么不妥当的地方。

庄令扬问："你能感觉到爱吗？你能感觉到，他明白你内心的渴望和需求吗？"刘伟摇摇头。

庄令扬笑了，说："那好，你现在静静地听一下别人的信，看看有什么不同的感觉。"

待大家轮流把信读完之后，庄令扬说："我们每个人对待自己内在小孩的方式都是不同的。但是对待内在小孩有一个关键点，就是不要和他讲道理。孩子不懂得任何的道理，他只会在意自己看到的和听到的。现在，让我们成为内在小孩的代言人，以他的语气给自己写一封信。希望通过这封信，每个人更能体会到内在小孩的需要，更懂得应该怎么去接纳他。能不能写好这封信，关键在于要对内在小孩的内心有一定的了解。这样一来，就不只锻炼了我们体察他人的能力，同时也锻炼了体察自己内心的能力。当我们能够很好地去体察别人和自己的时候，我们就能成为一个有爱的能力的人。"

陈逸芸写第二封信的时候，感觉小女孩就坐在自己的身边，低着头正跟自己说话。

她说："妈妈昨天又骂我了，她说我没有姐姐那么懂事。她叫我帮她洗菜的时候，我把盆子里的水打翻了，她说我什么都做不好。她不知道，那个盆子对于我来说太大了，装满水之后，我都端不动。但是我不敢告诉她，因为她会骂得更凶，说我狡辩。我不要成为一个喜欢说谎的孩子。晚上，看着妈妈陪姐姐做作业，我就很羡慕，我也希望她能够陪我做作业。虽然那些题目我都懂，但是如果有妈妈陪在我的身边，我会做得更开心一点。可是妈妈从来都不知道这些。爸爸对我很好，很疼我，但是总要很晚才能回来。他上班很辛苦，每次回来的时候，我都已经睡着了。我晚上经常做梦，总是梦见妈妈要来抱我的时候，就突然有事情要做，都是还没有抱到我，她就走了。我多么希望她能够好好地抱抱我、亲亲我，就像爸爸一样。可是她从来都不这样做，我经常想这是不是因为她讨厌我，不喜欢我呢？"

此刻，童年的往事就像昨天刚刚发生过一般清晰，她清楚地听到了母亲的骂声，看到了爸爸无奈的表情，看到了自己无助地坐在板凳上，不敢说话。于是，刚才已经止住的泪水又悄悄地滑出眼眶。

当她搁下自己的笔，再次从地板上把石头拿起紧握在手心的时候，听见庄令扬说："现在，我们已经长大，我们已经学会了通过各种各样的方式把自己包装成坚强的模样，但实际上我们的内在小孩依然脆弱无比。虽然今天我们通过自己的努力，获得了财富和社会地位，获得了别人的认可，却不知道人生最重要的是自己要对自己认可。

"这封信，表面看来是让我们揭开了过去的伤疤，让我们再次痛苦。但其实，也正因为过去我们一直缺乏面对自己的勇气，对内在的自我不接纳不认同，才导致这样的痛苦延续到今天。通过这封信，我相信在座的每一个人都会更加了解自己的内心，更加了解爱人和被爱的重要。这份了解，是自己送给自己的最珍贵的礼物。"

听完庄令扬的话之后，她想起了在李承轩的咨询室里进行的上一阶段的最后一次访谈。李承轩问自己能否去爱内心的三姐妹时，她是茫然的。她不知道自己应该从哪里开始，她兜兜转转，好像总是找不到进去的门。但是现在她一直苦苦寻找的门，终于显现了。她已经见到了内疚，和她交谈，了解她的感受，接纳了她，这些都是爱的表现。也就是说，她已经有能力爱自己的内在小孩了。想到这里，她忍不住含泪而笑。看看其他的成员，他们依然沉浸在自己的故事中，时而欢喜，时而悲伤。各种情节，各色故事，如播放电影一般在这个斗室内流转。

在活动即将结束的时候，庄令扬让每一个人握着自己的石头，放在心脏的位置。

陈逸芸握着自己的石头，紧紧地捂在胸口，她感觉自己胸腔内的温热，正一点一滴地往石头的方向传递。她觉得石头在她的手心逐渐变得温暖起来，她看到那个原本蜷缩在角落的小女孩站了起来，在空无一人的房间里翩翩起舞。舞跳完之后，那孩子静静地站在原地，看着她，她也看着她，轻声地对她说："小芸，我爱你。"

通过今晚的活动，陈逸芸终于知道该怎么爱自己了。她想，现在自己在明知道和那个人不会有结果的情况下依然不愿意放开手，应该是因为内心的小孩子还没有获得足够的爱的缘故。的确，在那个人的身上，她一直感到一种宽宏的包容和接纳，无论她过去怎么胡闹，怎么歇斯底里，他都好言好语相对，并对她表示理解和支持，而这个正是她一直渴望得到的。有时候她甚至会觉得，他就是上天派来拯救她的人，如果不是他的出现，现在自己也不知道成什么样子了。那么，这种情感究竟是依赖还是爱情呢？她已经分不清了。

三兄弟见尼采

周末，陈逸芸去时代广场购物，坐在街边的长椅上休息的时候，看到一个小姑娘在闹着要吃冰激凌。只见她扭动着自己小小的身体，大声地说："我不管，我不管，我就要吃冰激凌，我就要吃冰激凌，不给我吃我就哭。"说完之后，真的放声大哭起来。

小姑娘的身边，还有两个大人，一个看来像妈妈，一个看起来像外婆。只见妈妈蹲下身子，抱着她说："青青乖，你发烧刚好，不能吃冰激凌，等你不发烧了，妈妈给你买冰激凌好不好？"

小姑娘说："我不管，我现在就要吃。"

妈妈说："要是吃了冰激凌又发烧，那医生伯伯又要在你的小屁股上打针喽。"但这样的话并没有产生什么效果，反而让小姑娘哭得变本加厉了。

外婆显然是心情不好，见到这样，气不打一处来，抢起胳膊就在小姑娘的屁股上扇了两下，嘴上还不停地说："叫你不听话，叫你不听话！上次就是叫你不要玩水，结果不听弄湿了身子发高烧，这次还敢这么任性！"

妈妈一见，心痛得一把抓住她的手，把孩子抱在怀里，说："妈，她还小，你跟她好好说不就行了嘛，干吗要打她啊？"

外婆说："不听话就要打，不接受惩罚哪里会学乖？你们小时候还不是这样。"

妈妈说："现在已经不比以前啦。真是的，时代已经变了，你的观念也不改变一下。"

陈逸芸看着这三代人，不由得想到了自己的妈妈和孩子。显然这个世界上，每一个家庭所经历的事情都有相似之处。

买完东西，回到母亲的家里。母亲告诉她，父亲带着晓媛去了游乐场，要到吃中午饭的时候才能回来。她在屋子里转了一圈之后，见没有什么要做的，于是拿了新买的书坐在阳台的椅子上看。

参加了俱乐部之后，认识了不少从事心理学教育的人，比如美心和蕙兰。她们向她推荐了一些心理学的著作，闲聊的时候，也跟她说说弗洛伊德、荣格和阿德勒。这些人的名字在卡伦·霍妮的书上曾经出现过，不过陈逸芸对他们还十分陌生。

蕙兰说："如果你想要了解自我，你可以看看弗洛伊德的书，他的本我、自我、超我这三个概念非常出名。"

陈逸芸因此购买了弗洛伊德的《自我与本我》，希望对自己目前的自我探索有更大的帮助。从书中她了解到以下信息：

本我即原我，是指原始的自己，包含生存所需的基本欲望、冲动和生命力。本我是一切心理能量之源，本我按快乐原则行事，它不理会社会道德、外在的行为规范，它唯一的要求是获得快乐，避免痛苦，本我的目标乃是求得个体的舒适、生存及繁殖，它是无意识的，不被个体所觉察。

自我是在个体成长过程中从本我分化出来的。当本我的要求与现实相抵触而不能得到满足时，便产生了自我。自我本身没有能量，它的动力来自本我。自我的职责是在本我与外部现实之间进行调节，对本我的要求进行修改，使之在一定条件下有可能得到满足。所以自我受"唯实原则"的支配。自我处于本我和超我之间，代表理性和机智，具有防卫和中介职能，它按照现实原则来行事，充当仲裁者，监督本我的动静，给予适当满足。

超我是人格的道德部分，它代表的是理想而不是现实，要求的是完美而不是实际或快乐。超我是由自我中的一部分发展而来的，它由两部分组成：自我典范和良心。自我典范相当于幼儿观念中父母认为在道德方面是好的东西，良心则是父母观念中的坏的东西。自我和良心是同一道德观念的两个方面。

当了解到这些概念之后，她不由得联想到回家之前看到的那个片段。她觉得那个吵着要吃冰激凌的小姑娘就是本我，小姑娘的妈妈就是自我，而小姑娘的外婆就是超我。

小姑娘的行为就像是本我一样，是任性的，想到什么就希望能够被满足。那个妈妈就像是自我，夹在本我和超我之间，希望经过自己的调解可以达到平衡。超我则是外婆，是一个严厉的大家长，她限制着本我的欲望，指导着自我，总是按照原则行事。

心理学的奥秘，其实就隐藏在生活之中。只是当你还不了解的时候，你发现不了罢了。这就像是某本用隐形药水写成的书一样，当不具备让它显形的因素时，你就看不见。想到这里，她不由得笑了起来，她觉得，自己好像已经获得了一把看清自己的钥匙。

周三去俱乐部的时候，她和蕙兰探讨了一下这个问题。

蕙兰说："刚好，本期的主题就和本我、自我、超我有关，如果你对这些不了解，可能会感觉课程很艰涩。而现在，你会轻松得多。"

庄令扬在活动中并没有讲述弗洛伊德的论著，他只跟成员讲述了一则三兄弟的故事。

三兄弟在外出时发生了纠纷。原因是老三行为不检点，在一家酒吧里轻薄一个服务员，差点被那个服务员的男朋友打断腿。幸好老大在场，并带了现金，好说歹说赔了钱道了歉才息事宁人。出了酒吧之后，老大当即训斥老三的行为，而老三却觉得无所谓，那样的场合，不过是逢场作戏。于是两个人吵得不可开交，老二夹在兄长和小弟之间，哭笑不得，直呼要找一个清官来断这桩家庭纠纷案。

说到这里，庄令扬说："我们也知道，历史上有很多的学者、哲人，如果这样的问题交给他们去处理，他们会怎么判断呢？他们会判谁对谁错？今天，我们向这三兄弟推荐尼采。你们根据对尼采的了解和自己对这件事情的态度写一篇文章出来。别小看这篇文章，里面其实包含了很多道理，和我们自身相关的道理。关于这个，文章写出来之后再揭晓。写的时候，最好由三个人组成一个小组，每个人选一个角色，更有利于大家探索自我。"

陈逸芸和美心、蕙兰组成了一个小组，她选择做老二，美心选择做老大，蕙兰选择做老三。三个人合作，嘻嘻哈哈地写了一篇小文章"三兄弟见尼采"。

话说三兄弟在争吵中找不到任何让他们各自都觉得满意的答案，因此他们决定去找尼采帮他们论断。

经过长途跋涉之后，他们来到尼采的面前。

老二对尼采说了事情的大致经过，然后对尼采说："大师啊，我现在因为夹在老大和老三中间，每天听他们不断争吵，觉得快要崩溃了，痛苦得恨不得用自杀来解脱。"

尼采问："你觉得你这样痛苦有价值吗？"

老三听了老二的说辞之后忍不住插了一句："你有什么好痛苦的？如果不是老大啰啰唆唆，总是像管家婆一样，我会和他吵吗？"

老大一听怒不可遏，大声说："你这个不知好歹的东西，要是我不管你，你早被人打死了。"

老三说："我就是喜欢摸漂亮女人的屁股，这是我的自由，被别人打死也是我的事情，你管得着吗？"

尼采对老三说："你可以有自由。只要你愿意抛开兄弟的情谊，脱离这个家庭，这样你就不再受老大管制，你就得到你想要的自由了。"

老大到这时候忍不住了，也说了一句："什么是自由？难道自由就是简单的为所欲为吗？那和畜生有什么分别？我觉得，一个人的自由必须以不损害他人的利益为前提，自由必须要由纪律，还有道德来约束。我们为什么比动物高等？就因为我们有道德。"

尼采说："所谓的社会道德规范都是不良的，它只会给人带来痛苦。你们可以看到世上有很多这样的事实，一部分不受道德规范约束的人，反而为这个社会做出巨大的贡献；而大部分墨守成规的人，终生碌碌无为。话既如此，你们兄弟还会坚持道德就是唯一正确的吗？"

老大不屑地说："这些都是一些极端的例子，不能代表全部，并且我一直在努力寻找一种平衡的方法。"

尼采说："你要知道这并不是一个公平完美的社会。"

老大说："所以我才痛苦，才要来找你。"

老二在这个时候又开始说话了："我根本不想谈什么自由和社会道德，我只想过平静舒适的日子，不要每天都吵吵闹闹不得安宁。"

尼采说："你这样烦心是为了什么？你是为了让你自己得到安宁还是为了让这个家庭得到安宁？"

老二说："我想我应该是希望这个家得到安宁吧，毕竟这是一个家，我不希望最后因为兄弟不和搞到破裂。"

尼采说："你要知道，现在你的大哥和三弟就像是水和火一样。水火是永不相容的，如果老大是水，老三是火，你偏向老大，老三的生命之火就会被水泼熄；如果你偏向老三，老大的水就会被火的热力蒸发升华，进入自由境界。"

老二说："所以我更希望自己可以做一个容器，把水装起来，而火通过我与水和平相处。"

尼采说："伪善的人啊，你是多么的世俗狡猾！你想要控制这两个人为你自己装潢门面，好让你自己看起来很完美。但是你想你的大哥和三弟是可以轻易受你控制的吗？"

老二说："我知道这不容易，这也是我们来找你的原因，但是到现在为止，你除了批判我们每个人，最终也没有给出什么好的结论，我看我们是找错人了。"

尼采说："那你们滚回去找其他的哲学家吧，我可以告诉你们，你们如果甘于在别人设定的社会道德控制下生活，你们就会痛苦一辈子，你们这辈子都会无所作为，必定会成为一个碌碌无为的庸人。现在，你们滚吧……"

于是三兄弟失望而去……

各自分享自己小组的文章之后，庄令扬说："到了现在，我们都应该知道，这三兄弟代表着什么了。是的，这三兄弟正是代表我们内心中的自我、本我、超我。要想达到内心的平衡，必须要这三个'我'和睦相处。但是他们是很难和睦的，彼此之间总会起冲突。而三者吵架的时候，正是我们内心觉得痛苦的时候。有人有时会怀疑，'这一个我，究竟是不是我？我为什么会变成那样，有那种不该有的想法？'或者内心很矛盾，'这件事做得做不得？'内心有时候会因为欲望和道德的冲突而痛苦不堪，有时候会因为自己某个突如其来的丑恶念头而惶恐，这正是内心的三个'我'在交战。"

陈逸芸在这个过程中收获良多，她对自己内心的冲突有了更深层的了解。她知道每个人在担任角色的时候其实都曾把自己内心的价值观投射出来，她也不例外。

她这次担任自我的角色，这种处于两难选择中的感觉在生活中也经常有。就比如现在，要不要继续保持自己的那段感情，就是一个两难的选择。如果继续和他交往，她就是一个可耻的第三者。虽然目前他们都很小心，还没有被人发觉他们的关系，但是她相信纸包不住火，终有一天，他们的事情会败露。那个时候如果弄得尽人皆知，孩子怎么办呢？父母怎么办呢？他们对自己的失望难道还不够多吗？但是，如果这个时候放弃他，她又会觉得很不舍得。他是最了解自己的人，她喜欢他，她也知道他对自己的感情是真实的，只是两个人目前来说没有生活在一起的条件。如果两个人都是单身，他们以后的生活会很幸福，特别是当她已经开始改善自我的时候。可是自己也知道，这不过是自己的愿望罢了。他并没有离婚的打算，因为他的妻子是一个贤惠的女人，虽然他们彼此之间没有什么共同语言，但是她对这个家庭付出了青春和爱。陈逸芸也不想逼他离婚，因为自己内心始终还是接受不了做一个第三者，如果逼他离婚，那么和自己以往所认定的狐狸精有什么分别呢？总之，这件事情迟早是得做出决定的，也许自己现在还不能够下决定，是因为超我力量还不强。等到有一天超我的力量够强大了，事情就可以得到解决了。问题是，什么时候自己的超我才会足够强大呢？在自己写的故事当中也可以看出，要平衡三者的关系并不那么容易，最起码，哲学家并没有起到什么作用。但是也许是因为那个哲学家有偏袒的现象，也就是说，对待三者都要尽量做到公平，可是这谈何容易？

　　想到这里，她不由得暗自叹了一口气。

三兄弟见孔子

三兄弟见过尼采之后，因为没有得到想要的答案，各自闷闷不乐。

他们一路往回走，来到一个叫秦庄的小乡村的时候，一个身段窈窕的女人从他们的对面走过。

老三一见，一扫刚才的郁闷，加快脚步赶上前去，越过那个女子，并频频地回头对她张望。

那女子见状，以为遇到登徒子，吓得快步跑了起来，很快就跑进村子里面去了。老三一边说"真是一个绝色美女啊"，一边还向女子跑去的方向不停张望。

老大这时候赶到他的身边，看着他冷冷地说："真是狗改不了吃屎。"

老三一听就急了："你说什么？不要忘记我是你兄弟，如果我是狗，你是什么？"

老大说："我没有你这种道德败坏的兄弟。"

老三说："我还不希望有你这种道貌岸然的大哥呢，明明自己见到美貌的女子也会动心，还在虚伪地说什么非礼勿视，非礼勿听，非礼勿言，非礼勿动，你连自己的真性情都不敢表达，你有什么了不起的？"

老大说："我是有真性情，但是我也知道我生活在这个社会，要遵守这个社会的道德伦理，可不像你，表现得那么动物。"

老三说："我是动物怎么了？起码我觉得开心，不像你，伪君子！"

这时候老二一边拉着一个说："好了，你们都不要吵了。你们都对，你们都有理，得了吧。"

老大和老三异口同声地说："这是你说的，不是他说的，他一定要向我道歉我才消气。"

老二的头霎时之间又觉得大了一倍，他顿足捶胸道："天啊，为什么我们三兄弟就是没有办法好好地相处呢？难道就真的没有人能告诉我这是为什么？"

这时候，村道边刚好有一个老者经过，听到老二的哭喊，就对他们说："你们三兄弟不和睦，我看只有孔圣人可以帮你们出出主意。他老人家昨天刚刚经过秦庄，现在往郑家坳那边去了，你们不如去找他吧。"

老二一听有理，于是谢过老者，打算往郑家坳去见孔子。

老三说："为什么要去见孔子？我看那些所谓的学者、圣人也不过是徒有虚名的家伙，根本就不可能解决我们的问题。"

老二说："你不去看看，怎么就知道他不能帮我们解决问题？"

老三说："我们不是已经找过尼采了吗？结果怎么样！"

老二发火了："你到底去还是不去！你真的希望我们三兄弟一直这样吵闹，然后搞到家庭分裂吗！"

老三见到平素温和的老二都发火了，于是嘟嘟囔囔地说："去就去，你发这么大火干吗！"

走了两步之后，他又幸灾乐祸地加了一句："不过我看我们这次准又是在浪费时间。"

老大和老二不由得停了下来，各自瞪了他一眼，他总算是噤声不语了。

他们赶到郑家坳之后，向人打听到孔子落脚的地方，却是一间废置的庙宇。

他们去到那个庙宇之后，孔子正被他的学生围着，在向他们讲着什么。

三兄弟见到此景，也不敢随便上去打扰，于是就静候在一边。

孔子的一位学生见到他们之后，问清来意，把他们带到孔子的面前。

老大把事情的原委告诉孔子之后说："圣人啊，您给我评评理吧。老三这样的行为，难道不是于礼不合，不成体统吗？我记得您老人家说过'不能正其身，如正人何'，我一直都是按照您的言论来约束自己，提高自身修养的。"

孔子听后，点点头，表示赞同。

老三说："我们只是普通人，既不是当朝大臣，也不是一国之君，根本无须这样做。再说告子也曾说'食色性也'，这就说明我这样做其实也是人之常情吧。"

孔子说："是的，我一向主张'和为贵'，也说过'孝悌'，你怎么不去遵从呢？你大哥觉得你的言行欠妥，于是提出望你纠正，你却不从，并恶言相向。须知'出则事公卿，入则事父兄'。你接受你兄长的良言，是对他最基本的尊重，难道连这些你都不懂吗？"

老三说："他是我大哥，他当然可以教训我。但是你们想过没有，我是一个独立的个体，我也有我自己的思想，如果我一味顺从他，做他期望见到的那个老三，那不等于是扼杀了我本来的真性情，这样我和行尸走肉有什么分别？而且你们这样做不也等于是一种暴虐吗？亏你还在这里满口仁义道德，简直是放狗屁！"

孔子的门人见到老三居然敢对自己的老师如此不敬，不由得都对他怒目相向，有几个甚至已经蠢蠢欲动，想要教训他一番了。

老大这时候也呵斥老三："够了！你这畜生，你怎么敢对圣人如此不敬！"

说完就踢了老三的膝盖一下，老三一个不提防，直直地对着孔子跪了下来。

老三这一下痛得龇牙咧嘴的，他大声嚷嚷着说："难道我说得不对吗？你们都是一些假道学、伪君子。"

孔子摇摇头，说："朽木不可雕也，孺子不可教也。"

然后他转身对着老大说："你们的家事，我看我是无能为力了，你们还是去找其他人帮你们解决问题吧。"

老二见到两个最有学问的人都解决不了自己兄弟之间的纠纷，不禁悲从中来，扑在地上放声大哭。

这时，孔子派了一个门人把他们请出破庙，并把庙门关上，让他们自己独自伤心去了……

这是陈逸芸在这次活动中写下的故事。自从上次读心术俱乐部的活动结束之后，她在这段时间更多的是思考内心的自我、本我和超我的问题。长期以来在自己内心深处的不是很清晰的冲突也逐渐变得清晰起来。

庄令扬把了解自我、本我、超我分成三个阶段进行，主要是阐述道德文化对人的心理的影响，也可以说是我们生长的这个社会中的文化对我们价值观形成的影响。而无论是寻找尼采，还是寻找孔子，启示都是一个价值澄清的过程，尤其是现代人，生活在多面的时代，每个人都有不同的价值观，这就是容易造成冲突的原因。

昨晚，她留在父母家里。吃完晚饭之后，她辅导女儿做功课。女儿做完功课去洗澡的时候，她见母亲一个人在客厅看电视，于是就走过去陪她。

当时播的是一部台湾的家庭伦理剧，她对这一类的电视剧一向没有什么兴趣，坐在这里，纯粹是为了陪伴母亲。

最近，她对于自己这几年极少陪伴父母和孩子，产生了内疚，只要一有时间，就会往家里跑。虽然彼此在观念上，还是难免存在冲突，不过她已经慢慢地学会了接纳。她知道，父母活了几十年，他们的价值观已经根深蒂固无法改变，想要彼此和睦地相处，唯有自己去接纳。

看电视的时候，她有一搭没一搭地和母亲讨论着剧情。剧中的男主角因为和女主角相恋遭到父母亲的强烈反对，结果他为了捍卫自己的爱情离家出走。男主角的母亲因此被气得病倒了，父亲也气得要跟他断绝父子关系。

陈母看到这里的时候说："真是不肖子孙，动不动就离家出走，白养活他了。"

陈逸芸看看母亲，只见她一脸的不屑。

的确，站在父母亲的立场来看，这个儿子是很不听话的。这是她自己价值观的投射，恐怕也是很多父母价值观的体现。多数父母会认为将子女养育成人之后，子女有回报父母的义务。这本来也是天经地义的事情，但问题是父母只接受他们希望得到的回报。假如子女不能遵从这一点，那么就认为不是回报。

而她则会觉得那个男主角值得同情，他为了对抗家人的安排，为了避免成为家族中一个任人摆布的棋子，为了脱离一场因为利益结合、没有感情的婚姻，才会选择离家出走。他这样做，是遵从了自己的本心。

于是，两种不同的价值取向就成了人际冲突的根源。通过这个故事，也可以看出人的道德观念和内心本能的冲突。社会中有需要遵守的规则，这就是道德。一个不遵守道德规范的人，将不能被这个社会认同。但是，人作为一种生物，也有生物独特的本能。如果这些本能被过分地压抑，自己不能认同自己，那结果也是极具破坏性的。

　　就如过去的自己，小时候因为要得到父母的认同，所以做了一个凡事千依百顺的乖孩子。自己其实内心并不是真正地认同他们的做法，但因为年幼，所以纵然内心并不认同，却也不敢发出自己的声音。

　　到了成年后，她内心积聚的愤怒开始逐渐释放，本能开始反抗。因此，她做了很多父母亲不会认同的行为，比如多次离婚。当然这和自己不懂得经营亲密关系有关，但是这同时也表明，她用一种极端的方法来处理和父母之间的关系。这就说明，如果一个人想要得到和谐的生活，想要快乐，那么他除了要得到自己的认同，还需要获得社会的认同。这也就是说，每个人都要学会寻找本能和规则之间的平衡点。只有找到了平衡点，才会觉得生活幸福。

　　而这几次活动等于是一个寻找关键点的过程，通过从不同的角度去见证自己内心的真实想法，做到对自己的内心需求更加了解，同时也认清自己所处的环境，并在两者之间做出适当的调整。最近，自己在接受心理治疗之后，有了很大的改变，开始关注父母和孩子。父母亲也因此改变了对她的态度，他们开始放开怀抱，接纳在她身上发生的一切了。

　　想到这里，她回头看看正在电视机前看得津津有味的母亲和刚刚从浴室里走出来的女儿，觉得自己的内心正被一种绵绵的幸福包裹着。

　　也许，幸福本来就一直在自己的身边，只不过她过去一直没有发觉，所以才会到处寻找感情的依靠，让自己的感情生活变得错综复杂，却依然得不到内心想要的安宁。现在，当自己愿意静下心来体会的时候，才突然发现，其实幸福离自己并不遥远，它一直就在生活中。并且她相信，它还会继续存在。

三兄弟见弗洛伊德

　　一雨成秋，下过一场大雨之后，天气终于凉了下来，陈逸芸看着街上的行人和自己一样，也开始穿上了外套。

　　陈逸芸来的时候正在下雨，下了车之后，鞋子踩在街上的积水中，一下子湿透了。来到俱乐部，前台接待人员看到她的狼狈，马上找了一双干净的拖鞋给她换上。换好鞋子之后，她悄悄打开课室的门，只见先来的成员彼此畅谈着，这里的欢笑和外面的天气形成强烈的对比，让人觉得温暖。

　　按照活动的安排，今晚要进行的内容是三兄弟故事治疗系列的"三兄弟见弗洛伊德"。

　　庄令扬坐到自己的位置后，问："布置给大家的作业，都完成了吧？"众人点头。

　　庄令扬说："那么，各位回去看了弗洛伊德的相关文章之后，对精神分析的某些概念应该已经了解。对我们三兄弟的来源，应该很清楚了吧？"

　　蕙兰说："这三个家伙的底细，我们早就摸清啦。"

　　众人听了之后，哄笑起来。

　　庄令扬说："那就太好了，只有知己知彼，才能百战百胜嘛。的确，凡是对心理学有所了解的人不可能不知道弗洛伊德和精神分析。除了心理学领域，他的潜意识理论甚至已经深远地影响到了我们文化的各个领域，比如艺术、文学、影视，包括我们的日常生活。在现代的心理治疗领域，大部分的流派和方法里面都有精神分析的影子。换句话说，弗洛伊德和他的精神分析奠定了现代心理学和心理治疗的基石。说到这里我想问问，这几个星期以来，各位对弗洛伊德理论的理解，谁愿意跟大家分享一下？"

陈逸芸说："我过去的几个星期一直在读他的相关文章，并且做了笔记，趁这个机会，我来和大家分享一下。"

说完之后，她掏出自己的笔记本，说："弗洛伊德认为，不同的意识层次包括意识、前意识和潜意识三个层次，好像深浅不同的地壳层次，故称之为精神层次。

"要想理解这种划分，需要先理解弗洛伊德提出的三种人格结构——本我、自我、超我。本我对应着快乐原则，有人把它比喻成猪八戒，因为他就是遵循快乐原则的。他喜欢高老庄的小姐，他就去追，不管自己是不是变成了和尚。"

当她把比喻说出来的时候，众人都笑了起来。她等众人笑完之后，又继续说："自我对应着现实原则，有人把它比喻为孙悟空，他总是时刻保持着清醒的头脑，除妖降魔，不让自己出什么差错；而超我对应了道德原则，有人把他比喻成唐僧，他总是告诉你这个不能做，那个不能做，完全压制了本能的愿望。"

众人听到这里，都频频点头，陈逸芸看到大家都听得津津有味，讲得更加开心了："一个人一出生是不具备任何道德观念的，小孩子只按照快乐原则行事，他想吃就吃，想睡就睡，饿了就要东西吃，感觉不爽就哭，这就是本我。随着小孩子的长大，父母开始对他进行教育和约束，父母会告诉他什么是可以做的，什么是不可以做的，违反了这些要求就会遭到惩罚。为了避免遭到惩罚，他学会了守规矩，这就是自我约束。长大之后进入社会，学会了遵守社会上的道德和规则，并时刻提醒自己做一个好公民，避免触犯法律，这种自我控制的力量就是超我。而意识、前意识、潜意识的概念可以用一个冰山的结构来描述。"

陈逸芸说到这里，站起身来走到房间另一边，在黑板上画了一座冰山，然后说："你们看，露出水面的，就是我们的意识，在水面底下和意识相连的部分，就是我们的前意识，最底层看不见的，则是我们的潜意识。潜意识对应本我，前意识对应自我，意识对应超我。好了，今天我就分享到这里，谢谢各位的聆听。"

她的话音刚落，众人都报以热烈的掌声。

庄令扬听完她的讲述之后，脸上露出灿烂的笑容，说："逸芸这次可是做足功夫了，很有做心理治疗师的潜质，对理论把握很到位。下面，我们还是按照以前的方式来进行。每三个人分成一组去找弗洛伊德谈话，看看这一次老人家能不能解决他们三兄弟之间的冲突。"

陈逸芸依然和美心、蕙兰组成一个小组。蕙兰看着她们两个，笑着说："这下，我们成了俱乐部的铁三角了。加油啊，姐妹们。"

看着她灿烂的笑脸，陈逸芸和美心忍不住过去和她紧紧地抱在一起。陈逸芸觉得，也只有在这里，她才能毫无戒心地和别人拥抱，同期的学员给她带来安全舒适的感觉。

过了一会儿，蕙兰松开她的手，擦擦因为感动流出的泪水，说："好啦，好啦，我们完成作业再抱吧。"

故事依然是在分角色讨论之后才整理出来。她们将讨论的结果整理成文字之后，庄令扬觉得很有代表性，于是把这个故事给所有成员传阅。

在三兄弟见完孔子后，老三心里很不舒服，垂头丧气的。

老大得意地说："连孔子都这么说，你还有什么话说？"

老三立即反驳说："他根本就是一个伪君子，什么圣人啊，我不服！"

老二深深地叹了口气，说："我们都找了两个人了，还是解决不了我们的问题，唉！"

老三建议说："我知道在遥远的西方有一个智者叫弗洛伊德，不如我们去找他吧，他应该能帮我们解决问题。"

老二说："也只能这样了！"

三兄弟坐飞机到了奥地利，经历千辛万苦终于找到了弗洛伊德。弗洛伊德正在看书。

老三说："弗洛伊德，我想让你评评理，这么多年老大总是不让我干这干那的。"

老大说："不这样的话，你会把我们的生活弄得一团糟的。"

弗洛伊德说："老二，你病了吗？"

老二说："我怎么能不病呢？这么多年来，他们一直这样吵吵闹闹。"

老三说："你倒好，病了就一了百了，我还在被老大压抑着，痛苦着呢！"

老大说："你不要信口胡说，我什么时候压抑过你啊？"

老二说："其实，我在中间来来回回的很辛苦，我还要维护三人的关系，也很痛苦。"

老三说："你再痛苦，也没我痛苦啊，你们还能按照自己的意愿来行事，我一直都被压抑，没有自由。"

弗洛伊德问老三："你最想做什么？"

老三说："我只是想让大家都过得很开心，让激情得到最大的发挥，没有烦恼。"

老大说："你只想着开心快乐而不顾及社会道德规范，这样是不行的，人和动物是有区别的。"

老二也说："每个人都有追求快乐的权利，但每个人也都有不剥夺别人快乐的义务，每个人的快乐都是建立在不违背社会公德和不伤害其他人的快乐基础上的。"

老三听得头都大了，说："你们不要老是给我讲这个，好烦啊！"

弗洛伊德问老三："你认为的快乐应该是怎么样的呢？应该怎么来追求呢？"

老三说："快乐就是一种'好的'感觉，但如果要顾及这么多的规范和条条框框，那么还有什么快乐可言呢？一点自由也没有。"

弗洛伊德又转头问老大："你觉得自由是什么呢？"

老大说："自由也是要受到限制的，没有限制的自由是可怕的，它会伤害很多'别的'人，那也就没有什么快乐可言了。"

老三说："我才不考虑什么'别的'人呢，我被你一直压抑着、管着，你剥夺我的快乐，你熄灭我的激情，你这样做都是为什么啊？我不明白！"

老二说："老大管着你，也是要你遵守社会规范，这样我们才能在社会上立足啊。"

老大说："是啊，当年爸爸妈妈也都是这样教我的啊，我也就这样要求你们了。"

弗洛伊德说："老大的这些规范都是父母和社会灌输的，其实他也没有自己的意识，你们怎么看？"

老三说："我只感觉到被老大管得很严，很憋屈，放不开手。"

老二说："唉！其实我们过的都是一样的生活，谁都不比谁好。"

弗洛伊德说："你们找到了共同点，是老大的方式不合适，对此，老大有什么想法呢？"

老大说："我就是不知道用什么方式，如果知道就不会这样了。"

老三说："其实我们也能体谅他，但我还是感觉不舒服。"

老大说："怎么可能一直感到舒服呢？还要想到舒服的代价和后果。"

老三说："我从没想这么多，那多没意思啊。"

老大说："所以我帮你想啊。"

老三说："你的帮助我接受不了，你换种方式吧。"

老大说："你想要什么方式呢？"

老三说："那就是不管我，让我随意。"

弗洛伊德说："你们兄弟还是有感情的，要通过协商，找到一种妥善的相处方式。"

老三说："我们就是不知道用一种什么方式啊。"

弗洛伊德问老三："那你看到女人的时候想的是什么啊？"

老三说："苹果！"

老大说："那干脆给你一个苹果得了。"

老三说："我看到女人能想到苹果，但我看到苹果不能想到女人啊。"

老二说："你怎么又扯到女人了啊？"

老大也说："真丢人啊，老三！"说完，他头也不回地走了。

老二说："你这样也太让人失望了，对得起家里人吗你？唉！老三，让我怎么说你呢？"然后，老二也走了。

老三不以为意，笑着对弗洛伊德说："老弗，你人真不错，我胜利了，我感觉更有力量了，你也让我认识到性是第一生产力。"

弗洛伊德说："理论是正确的，但是你的做法欠些考虑啊。"

老三惊诧且愤怒地说："你这是什么意思啊！"说完也掉头走了。

弗洛伊德摇头叹息，他清楚地知道他们三兄弟回去后，还是有矛盾的。

当故事讲完，重新回到她们小组的时候，庄令扬说："看了逸芸她们那个小组的文章，我觉得有一句是写得非常到位的，那就是弗洛伊德知道他们回去之后还是会有矛盾的。事实上，一个人的内心有矛盾并不可怕，关键是看矛盾能不能被自己觉察。如果一个人能够觉察到自己内心的冲突，那么矛盾就不会那么可怕了。所以，真正可怕的不是内心有矛盾，而是我们不了解内心的矛盾。到今天为止，虽然三兄弟见了尼采、孔子、弗洛伊德几位圣贤，表面上看来，他们之间的冲突并没有真正得到解决，但实际上就是在这个过程中，我们更加了解了什么是内心冲突，以及它们之间的关系。这个过程，对于我们往后协调三个'我'之间的关系将会有很大的帮助。希望各位回去之后，按照这样的方式继续进行自我探索，我相信不久之后，每个人都会大有收获的。"

陈逸芸将自己在俱乐部收获的感悟分享给何敏华和林凤，她们开玩笑说陈逸芸也可以去做心理辅导老师了。虽然说者无心，但是听者有意。陈逸芸心想，成为一个心理辅导老师未必是一件坏事，一来可以更多地了解自己，二来可以成为一个助人者，让自己的个人价值得到更多的体现，也是一件很有意义的事情。但是，想到自己目前纠结的状态，不由得又有些退缩，心想自己身上的问题都没有得到很好的解决，怎么能够做好一个辅导老师呢？看起来，这件事情还得等到治疗完毕之后才能考虑了。

接纳的三个层次

陈逸芸来到俱乐部之后，看到巧巧一个人坐在房间看《心理月刊》，于是和她打了个招呼，在她的身边坐了下来。

巧巧说："逸芸，你来得正好，我正有些事情想要请教你。"

陈逸芸说："怎么说请教那么客气，应该是互相探讨才对。"

巧巧说："我觉得你是我们这一群人中最有悟性的了，老师说什么你都可以很快吸收。"

陈逸芸说："也许是因为我早期接受过李老师的治疗，在治疗的过程中，他让我学会了体察自己。"

巧巧说："原来是这样啊，真了不起啊。对了，我接下来要和你探讨的问题是和接纳有关的。"

陈逸芸点点头，让她继续这个话题。

巧巧说："在这段时间里面，我觉得对自己的内在自我认识程度提高了，但还是有些不清楚的地方，我发现，即使了解自己再多，知道自己内心冲突的原因，却依然没有办法让自己的内心达到很和谐的状态。有什么方法可以做到在了解冲突的原因之后能管理好自己的情绪呢？上一次我听老师提到从了解，到理解，再到接纳的观点，当时我觉得很容易做到，现在才发觉并不那么容易啊。对于这个观点，你有什么看法呢？"

自从走进心理学之后，在治疗和自我成长的过程中，陈逸芸找到的答案都是为自己的问题寻求的，还没有真正地去帮助别人寻求过答案。于是，她想了一下，然后结合自己的实际情况说出了自己的观点。

她说："巧巧，我理解的接纳自己是这样子的，我认为接纳自己分几个不同的层次。我以前认为接纳自己的长相，接纳自己的行为就是自我接纳，但后来发现这是一种比较狭隘的自我接纳。当我发现这个问题之后，我很着急，我学了那么久，又接受过治疗，为什么问题依然存在？于是开始怀疑我自己的领悟和努力。然后，李老师告诉我，完善自我的过程，相当于创作的过程。比如制作一个陶器，一定要经过选土、成型、上釉、烧成这4道程序才能完成，每个过程都有讲究，只有完全按照制作的要求，才能做出一个上好的陶器。也就是说，如果你还处于粗坯的阶段，你就要接受自己是一个粗坯，而且坚信，假以时日自己会变成一个精品。只有接受，内心才不会因为自己还没有变成精品而觉得煎熬。而你现在应该就是处于我当时的状态，还没有完全接受自己目前的状态。其实，目前你就像是一个处在蛹中的毛毛虫一样，只要时间到了，你必然会破茧而出，化作蝴蝶。"

巧巧说："谢谢你，听到你这么说，我觉得舒服多了。"

此时，活动的时间已经接近，各位成员也陆续到齐了。庄令扬在活动开始的时候说："经过这段时间的学习，今晚我们来盘点一下大家的收获。谁愿意先来谈谈自己对自我成长的感想？"

巧巧说："我刚才还在和逸芸讨论自我接纳的问题，我觉得自己还没有很好地做到自我接纳。同时，自我不接纳的状态让我很受困扰。"

蕙兰听完她的话之后，说道："关于自我接纳的问题，我想谈一谈自己的成长感受。过去我以为自我接纳就是接纳自己，但后来我发现，单单接纳我自己还是不够的。在接纳自己的同时，我们还要接纳和自己相关的人，比如说自己的父母亲。我以前不能接纳自己的父母亲，因为他们过去对我所做的事情在我内心的影响还没消除。这几年我一直在进行心灵的探索，希望可以消除内心的痛苦，但是我却发现，无论我怎么接纳自己，都还没有根本地解决问题，父母亲始终是我的刺痛。

"一次无意的冥想中，我突然想到，父母其实也是我个人的一部分。他们自从我出生之后就一直伴随我成长，不管他们曾经做过什么，是对还是错，已经成了一个既定的事实，不能做任何改变了。那些事件已经成为我生命中的一个部分，如果我不接受他们，不就等于还没有完全接纳自己吗？想到这个问题之后，我开始试着去接纳他们，经过努力，我和父母的关系逐渐变得和谐，我自己的内心也变得和谐了。于是我更加坚定地相信，自我并不等于自己，自我其实包含了很多，所有和他人一起互动的过程都是自我的一部分。"

庄令扬听到蕙兰的分享之后，露出欣慰的笑容，他发现，成员在这段时间的确是成长了，现在更是可以从哲学的角度去看待问题了。

庄令扬说道："有些成员在讲述自己的故事时，会带上一句，这些事情现在已经不影响我了。但是，如果它真的不影响你，你还会一再地提起吗？其实它并不是不影响你，只是正面影响还是负面影响的问题。不要期望在我们身上发生过的事情会随着时间的流逝而消失不见，如果这样的话，我们哪里有经验可总结呢？我们还是需要依靠过去得到的经验指导自己更好地生活，不是吗？

"所以，说不影响的人，是没有真正地接纳。我们越是不接纳一件事或者一个人，越会困扰自己。从这个角度去看，我们更需要学会接纳。要接纳有这样的父母，接纳这样的父母组建的家庭，接纳自己在这样的家庭中成长，接纳成长的过程，接纳那些过程造就的你，同样也接纳今天正处在心灵探索阶段还未完成任务的你。接纳是指整体接纳。这是我的观点，各位成员还有没有其他不同的感受？"

美心这时候举起手来，说："我觉得，除了整体接纳这个观点之外，我所认知的接纳还是分层次的，比如，有一个人做了某件我无法接受的事情，这种不接受，会直接影响到我和他的关系。我会因为不接受他做的事而变成不接受他整个人。比如我和我老板吧，他做了一件事情让我很不认同，但是如果我因此就破坏了彼此之间的关系，我的处境肯定不好过。基于这一点，我劝服自己接受他，装作没事一样。但是我会发现，等到他有相同的举动时，我那种无法接受的念头又开始冒泡了，并且内心对他的不认同更加强烈了，比上一次更加强烈。你看，我不接纳他就会影响工作关系，接纳吧，我自己又觉得很痛苦。后来我才发现，我所谓的接纳，并不是真正的接纳，我只是在意识层面接纳了，情感层面即潜意识层面并没有接纳。"

刘伟说："美心说的我很有同感。比如说我和母亲之间吧，我每次和她吵架夺门而出之后我就会后悔，觉得自己不应该这样对她，觉得她养大我并不容易，我不应该和她争吵，也下决心回去之后一定要好好对她。可是一回到家，我们说到某些观点的时候，我还是和她吵。我想，这也是因为我仅仅是在意识上接纳，潜意识却没有接纳。"

庄令扬说："你们的观点很不错，的确，接纳并不是单一的，也不是表面的，真正的接纳是潜意识的接纳。大家在讨论这件事情的时候，想必已经发现了一个问题，既然自我接纳是分层次的，那么就得做到里外统一。但是做到里外统一却不是一件容易的事情，对于有些人来说，接纳自己都还有些困难，更别说接纳他人了。面对这样的人，心理治疗师或是心灵成长导师就要尽量地引导他认识自我，然后接纳自我。这里需要注意的是，说服他接纳和他自发地接纳是完全不同的，说服他接纳有可能是意识层面的接纳，这种接纳要做到并不困难。困难的是要让他的潜意识也接纳，这才是完整的接纳。"

巧巧问："完全接纳自己是不是做什么事情都原谅自己呢？"

庄令扬笑着说："也不是这样理解的，接纳自我并不等于纵容自我，我们接纳自己有这样的人生经历，但并不需要通过赞同自己的行为表现出来。因为只要是人，难免会犯错，我们接纳自己会犯错，原谅自己，同时改正错误，这才是接纳。"

美心问："接纳是以什么为基础的呢？为什么有些人能够做到很快可以接纳自己，有些人却不能？"

庄令扬说："接纳其实是通过理解来实现的，也就是说，理解就是接纳的基础。也只有你对那个人，或者对那件事表示真正的理解之后，才有可能从心底接纳它。那么，理解又以什么为基础呢？理解以了解为基础，对事件或人有足够的了解之后，我们的思维还要去整合你所看到的和你所感受到的现象。"

美心问："会不会有人了解了，也理解了，却无法接纳？"

庄令扬说："一般来说，理解是接纳的开始，除非你不是真正的理解，而是一种处在意识层面的理解。也就是说只理解了事情的表面，却没有理解事情的实质。"

蕙兰说："我理解的接纳过程就是砌砖的过程。我认为对于有些人来说，接纳能力也是需要练习的。治疗师可以引导他从容易接纳的人或事件开始，等他享受到接纳带来的好处之后，他就会逐渐开放了。"

庄令扬说："不错，这个还是属于分层次进行的范畴。好了，直到现在，我们可以把观点总结成以下三点，第一，接纳是完整接纳；第二，接纳的过程是分层次进行的；第三，接纳自我并不等于接纳自我行为。如果我们能够很好地理解这三点，并做到的话，我们的内心就能早日达到和谐状态。不过，从了解，到理解，再到接纳，是一个漫长的过程。能否完成这个过程，要因人而异。可以这么说，部分人经过学习和自我探索之后，是可以把全部过程完成的，并且最后能达到接纳所有现象的程度，有些人只能做到接纳和自己相关的部分，但是也有人可能终其一生都学不会接纳。"

美心听了之后，吐了一下舌头，说："第一种人，是圣人吧？"

庄令扬说："也可以这样说。他达到的境界就是我们所说的最高境界。如果说从理解到接纳需要一个转换的过程，那么他已经完成了这样的过程，并且生成了自动转换的装置。对每件事情、每个人，他都能够做到接纳。也就是说，接纳已经成为他思维的一部分。打个比喻，如果有人给他一个包袱，他也能自动把它变成礼物。"众人听了之后，都发出一声惊叹。

庄令扬说："关于包袱和礼物，我有一个梦要和大家分享一下，我觉得这个梦对我们还是很有启发的。说这个梦之前，先说说我的大概情况。以前我不是心灵成长俱乐部的导师，我是心理治疗师，并且在做心理治疗师的过程中，还处理过不少一对一的咨询。根据来访者的反馈，大部分的咨询处理得很成功。我就像是一个外科医生一样，专门帮来访者切除痛苦的根源。我觉得，这样就是对来访者最好的方式，这样就是最大限度地帮助了来访者。那时候我大多采用技术，我认为不管是使用催眠手段或是行为治疗，只要能够解决他的痛苦，我就是一个成功的医生。

"几年前，我做了个梦，梦见我在 70 岁的时候去世了。那时候我已经是一个很出名的医生，很受人尊敬，来吊唁我的人很多，站满了整个灵堂，有我的学生，也有我曾经医治好的来访者和我的业界同人。我死了之后，收到一份叫作心灵成长大学的聘书，那个聘书是邀请我去那个学校讲学，以知名心理学专家的名义。我很开心，于是开着那些活人送给我的车子，穿上他们送给我的衣服出发了。但是到了那个学校之后，才发现他们内部出现了严重的分歧。这个分歧是和我有关的，就是有些人认为应该聘请我，有些人却认为不应该聘请我。于是到了最后，他们就要不要聘请我这件事情开了一个会议，我也参加了。说实在的，那时候我有一种我是被告的感觉。支持我的，是我的代理律师，不支持我的，则是对方律师。"庄令扬说到这里的时候，大家都笑了起来。

他在大家笑完之后，又继续说他的梦："不支持的那一方说，聘书发出之后，我们经过调查，发现很多人并不赞同你的做法。有些委员认为你解决别人的痛苦的过程，是在抢夺他们的财富，也就是说，你不是一个救世主，而是一个强盗，并且你打着爱别人的旗号，是一个伪善的人。我一听呆住了，问他们这些话是从何说起？

"于是他们告诉我，的确，在下聘书之前，我们也评估过你的实力，认为你在为人类服务的过程中积累了很多经验，完全有资格成为这个学校的教授。但是从另一些人思考的角度来看，你帮助来访者解决他们的痛苦的行为，等于是剥夺了他们经历痛苦的权利。从他们的角度来看，痛苦是上天安排给当事人的，当事人如果能够凭着自己的能力去解决痛苦，他会成为一个伟人，并且造福人类。但是去到你的治疗室之后，你二话不说就依照自己的方法将它们切除了。他们因此失去了上帝的礼物，也辜负了上帝对他们的期望。所以，你的行为等同是强盗行为，你直接剥夺了他们享受礼物的过程。

"听到这里，我已经完全目瞪口呆。在没有听到这个观点之前，我一直对自己所做的事情沾沾自喜，觉得自己帮助了很多人，但是听了这个观点之后，我开始怀疑自己过去的那些做法，究竟是不是真的帮助。之后，他们在说什么，我已经听不下去了，满脑子都响着两个字——'强盗，强盗'，然后，我一身大汗地醒了过来。

"同学们，我做这个梦之后整整休息了一个月，没有再接任何咨询，并且开始思考梦中那些话的含义。我想到我在从事心理咨询工作以来的七八年时间里所做的一切，究竟是在满足自己的心理需要，还是真的在帮助别人？结果我发现，我不过是在满足我自己的心理需要，因为我通过那样的行为，切除别人的痛苦，让他感觉舒服，别人会感激我，我因此获得了巨大的满足感，并增强了我原本弱小的自尊。我因此剥夺了别人真实享受他生命中每个部分的过程。尽管，人出于本性总是追求快乐，但是如果痛苦是存在的，他就应该自己去解决。因为，那是属于他的痛苦，要切除也要他自己亲手切除，而不是假借治疗师之手。那真的是一件礼物，很多人不知道珍惜，懵懵懂懂地送给了别人，来不及享受它带给自己的奇迹。"

陈逸芸听了这个梦之后，觉得非常激动，因为她想起了李承轩。

她终于明白李承轩为什么会推荐她来这个俱乐部完成自我成长，而不是再继续往下治疗。原来，他已经知道，不能随便拿走别人的礼物，他要让她自己感觉到，她正在拥有这样的一件礼物。他知道她在这个环境中，通过学习和探索，通过对自我的接纳和认同，是一定可以发现这一点的。他要让她自己发觉，自己可以驾驭属于自己的整个生命，并散发出光芒。想到这里的时候，她已经忍不住热泪盈眶。

蕙兰听了之后，幽幽地吐了一口气，说："我想想自己，觉得实在是太幸运了，我现在还年轻，已经走上了探索的路并且知道自己身怀着贵重的礼物，虽然现在还没有办法享受这个礼物带给我的乐趣，但是我相信，我终有一天会顺利打开这个礼物的。"

庄令扬说："不错。我们正在成为思想的富人，作为一个心灵成长导师，我看这个世界上有两种富人：一种是物质上的富人，另一种是思想上的富人。现在很多物质上富裕的人精神上却很贫乏，因为他在创造物质的过程中，丢失了信仰，掩埋了自己。一个没有自己的人，怎么能够容得下他人呢？既然容不下他人，他就是孤独的人，一个人没有被人发自内心地对待过，温暖过，怎么可能有精神的满足呢？可是，今天的你们在学习成为精神富翁的同时，也在逐渐积累自己的物质财富，假以时日，你们将会成为超级大富翁。你们不单自己拥有财富，还能把自己拥有的借一点给那些有需要的贫乏的人，成为一个真正的爱的使者。所以，各位，为你们自己欢呼鼓掌吧！"庄令扬的话还没有说完，掌声已经热烈地响了起来。他发自肺腑的言语，充盈了这个小小的空间，也温暖了每个人的心灵。

心理医生只是一面镜子

周末，陈逸芸带着晓媛去动物园玩，这是作为她期末考试成绩优异的奖励，也好让她从一个苦学生的角色中解脱出来，重新做一个无忧无虑的孩子。

晓媛到动物园后开心得不得了，一会儿跑去看长颈鹿，一会儿跑去看狮子，陈逸芸只管微笑着跟在她后面，任她如一只小猴子一般跳来跳去。

说实话陈逸芸带女儿的经验非常少，但是这一次出游，让她充分感受到了一个小孩的快乐心情。孩子的快乐总是很简单，有家人的陪伴，愿望能够得到满足，就已经可以让他们快乐很久。

中午，她们在动物园的餐厅吃饭时，晓媛叽叽喳喳地跟她说自己看到的各类动物，并且按照自己的理解给它们分类。陈逸芸一边听着，一边拿出纸巾抹去她额头上因为过度运动而沁出的汗水。

正当她们聊得兴高采烈的时候，突然从旁边的座位上传来一声女人的大吼："不准去！你给我坐好，乖乖地吃完你面前的东西。"

陈逸芸和晓媛同时转过头去，就看到一个被妈妈大吼的男孩把嘴噘得老高，满脸的不高兴。见到她们转过头来看，于是对他妈妈说："为什么你不能像人家妈妈对待她的小孩一样地对待我呢？那个小姑娘比我还调皮，她上蹿下跳，她妈妈也不说她。我不过是想去看狮子，你怎么就不让我去？"

晓媛刚开始听到有人称赞自己的妈妈，脸上笑得跟一朵花似的，但是听到那个男孩子说她比他还调皮的时候就不依了，马上把嘴巴噘了起来，鼻子还轻轻地哼了一声，说："活该被他妈妈骂，敢说我比他还调皮。"

陈逸芸看着她的反应，心里觉得又好气又好笑，伸手过去抱着她说："很显然人家是在羡慕你，也许他是为了让他妈妈允许他去看狮子才故意这样说的。"

晓媛说："那他可以求她嘛，干吗要说我比他还调皮？"

旁边那个男孩的妈妈听到晓媛的话之后，不由自主地笑了起来，对陈逸芸说："你家的小丫头还很有主见啊。"

陈逸芸说："可不是！"

晓媛听到之后，顿时觉得很不好意思，脸也红了。

陈逸芸说："晓媛，你刚刚才去看过狮子，你带这个小朋友去吧，15 分钟后回来，好不好？"

小男孩听到她的话之后，眼睛马上亮了起来，却看着他的妈妈不敢说话，等她开口。

那男孩的妈妈说："去吧，15 分钟后回来啊，不准去其他的地方，听到没有？"

晓媛说："妈妈，我们会准时回来的。"

陈逸芸点点头，看着他们两个一溜烟地跑了。

那男孩的母亲说："我姓张，叫张荣芳。你贵姓啊？"

陈逸芸于是说了自己的姓名。

张荣芳说："你把女儿教得那么好，有什么秘诀吗？"

陈逸芸说："我看你家的孩子也很好啊。"

张荣芳说："唉，你都不知道，在家的时候可调皮了，总是跟我顶嘴。"

陈逸芸说："看起来你的孩子跟我的差不多大，这个时候的孩子啊，已经有了自己的主意，大人的话他们都会选择性地听了。所以，如果她自己决定的事情不是很离谱，我也不去干涉她。"

张荣芳说："你可真看得开，你不怕她做错事吗？还那么小。"

陈逸芸说："让她决定，但不是不理她啊。随时关注着她的举动，看到不合适的就提出来，哪能真的什么都随她啊？"

张荣芳说："看来我真得跟你好好地学习学习。"

陈逸芸说："学习不敢，我们彼此交流一下育儿的经验罢了。"

晚上回到家里，等父母和女儿都睡了之后，陈逸芸打开自己的电脑准备写当天的日记。这个时候，她想起白天遇见的张荣芳。

联想到这个星期读心术俱乐部活动的主题，那一次的主题叫作"如何看待心灵成长，以及导师在心灵成长中的作用"。

陈逸芸觉得，无论是李承轩或者是庄令扬，他们都像是一面镜子。自己在没有接受心理治疗之前，总以为所谓的心理咨询就是治疗师告诉来访者自己的一些意见和经验，让来访者遵照执行。直到自己置身于治疗过程中时才发觉事实并非如此。这一路走来，无论是李承轩还是庄令扬，他们做得更多的是在她的身边陪伴她，倾听着，引导着，并把他们从她身上发现的问题陈述出来，让她意识到。这个过程让她觉得，自己看到的自己就好像是站在一面明亮的镜子面前那样清晰。

当这样的念头从她的脑海中冒出来的时候，她突然想到，其实在生活中，镜子是无处不在的，并不单单是治疗师。每个人都可能成为别人的镜子，只要自己留意，在每个人身上都能看到熟悉的东西。

今天，张荣芳就像一面镜子，她教育孩子的方式，就像是以前母亲教育自己的方式的再现。看到这个现象之后，她更加明白，什么样的母亲才是一个孩子所希望的。明白这一点之后，她对于自己能够快速成长更加庆幸，庆幸自己没有把母亲过去的经验沿用在女儿的身上。同时，她相信自己也成了张荣芳的一面镜子，因为自从中午她们交谈过后，在接下来的行为中可以看出她对儿子的态度已经软化了不少。显然，在她看到陈逸芸和女儿相处的方式之后，也在思考自己该怎么和儿子相处了。想到这里，她不禁为自己成了一面好的镜子而觉得高兴。

她随着记忆的线往回走，过去发生的一切就像是放电影般一幕一幕地重新在脑海中播放着。在自己这三十多年的人生里，曾经有多少个镜子在自己身边走过？而自己又曾经充当了几次别人的镜子呢？这一切，已经无法统计。但是这些镜子都是那么干净吗？都是那么标准吗？都是像庄老师和李老师一样标准吗？她想起了自己的父母亲，她想象着把他们当成两面镜子，当这两面镜子相互对应的时候，里面有两个畸形的人。而她站在这两面镜子中间也变成了畸形的，这是她以前所看到的自己。当她看到这样的自己之后，就坚定地认为自己天生就是这样的，所以自己一直没有自信。虽然随着年龄的增长，她的外在变得强大了，但其实内心还是非常脆弱，因为她总觉得自己是不受欢迎的，有缺陷的。

她想起在活动中自己曾经和庄令扬讨论过一个问题："为什么以前自己在看父母亲的时候会看到畸形的自己？"

庄令扬的见解是："你看到的并不是真相，而是别人投射给你的，你未经过滤就接收下来了。"听了庄令扬的见解之后她就明白了，自己以前是没有过滤器的，也就是说没有辨别能力，以为看到的都是真的。

她想起以前外婆使用过的一面镜子，那面镜子她用了几十年了，镜面上已经有点点黑斑，但是外婆依然舍不得扔掉，因为那是她妈妈留给她的。陈逸芸记得第一次照那面镜子的时候，她哭了，因为她看到满脸斑点的自己，认为自己是一个很丑的小孩，所以难过得哭了。后来外婆听了她的话之后，乐得哈哈大笑，牵着她的手去厨房，用一个脸盆装了一盆水给她当镜子照。当她看到水面上自己洁净的脸蛋时，才高兴地笑了起来。

外婆看到她笑了之后，说："有些镜子本身是坏的，所以照出来的人像也不会漂亮。你看到自己变丑了的时候，最好多找几块镜子照一下。"

想到外婆，她的眼角不由得又湿润了。外婆从来没有华丽的语言，但是她简单的话语中却通常饱含生活的哲理。她想，以前自己在父母身上看到的畸形的镜像，就是她把镜子本身的问题当成了自己的问题。

其实这样的现象不只出现在父母身上，包括几个前夫也是如此。她在他们身上看到的自己，就像是在哈哈镜中看到的一般，是变了形的。现在，当自己内心的力量渐渐变得强大的时候，当自己可以很客观地去看待发生在自己身上的每一件事情的时候，在每个人身上看到的影像都不由得发生了变化。

以前，她根本无法分辨在镜子中看到的丑陋畸形的形象是真正的自己，还是自己接收了别人的投射。而现在她已经明白，那其实并不是真实的自己，自己本身并不是畸形丑陋的。之前自己会接纳，是因为没有认清自己，是因为还没有找到真我。而今天，当她已经对真我慢慢清晰的时候，亦能从别人身上看到自己发生的巨大变化。

3

第三编

生命中的贵人

性的功能

时间过得很快，转眼又过了两个月，陈逸芸在读心术俱乐部参加的第一阶段活动也结束了。按照她和李承轩的约定，咨询的第一阶段是针对情绪的，第二阶段的主题是自我成长，主要在读心术俱乐部里完成，接下来她就要和李承轩进入第三个阶段——关系的处理。

在这段时间里，陈逸芸发现自己在情绪的改善方面，有了质的飞跃。她清晰地认识到，这样的转变，除了李承轩有很大的功劳之外，自己的努力也起了很大的作用。这也让她认清了一个事实——如果没有自己的配合，再好的心理医生也帮不了自己。

周末下午，陈逸芸收拾好屋子之后，看看时间还非常充足，于是打开音响听上次李承轩拷贝给她的音乐。

她安静地躺在床上，任由那些轻缓抒情的音乐流过她的耳郭，流过她的内心。不同的音乐，让她想起不同的人，那些在她的生命历程中走过的人。不管那些人在她生活中逗留的时间是长是短，他们都是她生命的参与者。

她想到段君离开之后，她先后认识的那几个男人，他们在她的生活中逗留的时间并不长。几次离婚之后，她觉得，这辈子自己都不会再找到一个可以和她共度一生的男人。所以，她并未认真地和他们交往，他们对于她来说，就像是一个玩伴。她不和他们谈论自己的过去，也不和他们谈论自己的家人，两个人单独在一起的时候，就谈论今天的天气，或者谈社会新闻、股市的升跌。她觉得这样非常好，不需要付出任何的感情。

偶尔独自一个人时，她也会为了自己的现状而哭泣，她不明白为什么自己会变成这样，她从这些交往中，得到了什么呢？她和那些人在一起的时候，享受的都是当下的快感。这样的快感，在彼此分别之后就荡然无存，无以为继。陪伴她的是更多的空虚和寂寞。

她从不去了解他们的生活，她存在于他们的生活之外，当然也让他们存在于自己的生活之外。所有的一切，她做得非常隐秘，她不能让别人知道，她是一个同时和几个男人交往的女人。

去年年底，她在工作场合认识了谢志伟，他是一个很优秀的男人。一开始，彼此的交往是因为工作的需要。随着不断地加深认识，对彼此了解越来越多之后，两个人都不由自主地产生了微妙的感情。虽然知道他是有家室的人，但是每次在一起的时候，却总是觉得特别愉快，心里特别的踏实和满足。也许，她封闭已久的心已经渐渐打开了，她内心的爱情又开始悄悄萌芽。只是这段感情，着床在不适合的土地，最后能否生根发芽，开花结果，还是个未知之数。

陈逸芸逐渐结束了和其他几个男人的关系，一来是她觉得疲倦了，二来是她觉得自己的心已经找到了一个港湾。且不论这个港湾她能停靠多久，但是至少目前，彼此都还没有要离开对方的打算。

她和段君的感情是因为第三者的介入而结束的，有一段时间，她十分痛恨第三者，觉得他们就像是恶魔一样，打着爱情的旗号去破坏别人的家庭。姑且不论那些家庭是不是幸福的，但是至少在被破坏之前是完整的。而现在，自己却陷入了第三者的泥沼当中不能自拔。

虽然自己一再表明，自己并不要求得到他的婚姻，但是每当他离去之后，内心中的失落却时常让她无法忍受。她知道自己事实上并没有那么伟大，因为她是一个平凡的女人，她有自己的欲望和渴求，她很希望自己可以和相爱的人拥有一个温暖的家。但是在他身上，这些无疑是海市蜃楼。

在交往的过程中，他们曾经有过几次很不愉快的争吵。当然都是因为她没控制好自己的情绪，借题发挥，无端发火。事后，他总是冷静地看着她怒发冲冠的样子，对她说："你真的应该去找个心理医生，你不能毁了自己。"

会走进治疗室，除了自己的决定，他的话也起到了很大的作用。知道她去接受治疗之后，他也觉得很开心。

当陈逸芸看到谢志伟因为她去接受治疗而开心的样子，内心不由得一阵感动。她知道，彼此之间的感情是真正存在的，他们都很真诚地关心着对方，为对方设想。只是，这样的感情却是不符合道德伦理的。

想到这里，她不由得叹了一口气。这些情况，何敏华和林凤并不知情，因为她们和以前的她一样，对第三者都带有抵触的情绪。她不说，是因为自己首先过不了道德的关卡，其次，她不想因为这件事情，失去两个好朋友。

星期二，陈逸芸比约定的时间早十分钟来到咨询室。

坐定之后，李承轩说："好久不见了，逸芸。听令扬说你在俱乐部的进步神速，真替你开心。"

陈逸芸说："谢谢，在那里的收获真的很大。我最近的生活过得很充实，生活中多了两个很聊得来的好朋友，和父母、女儿的关系也稳定。但是，这几天一直有一个问题在困扰着我。"

李承轩问："哦？是什么样的问题在困扰着你？"

陈逸芸说："这几天我一直在回忆自己的过去，我一直在思考我的生活，我不知道我为什么会走到这样的境地。"说到这里，她停顿下来，显得欲言又止。

李承轩问："什么境地？"

陈逸芸沉吟了一下，然后吸了一口气，仿佛是下了很大决心似的："既然今天我们开始关系的治疗，我觉得很有必要谈谈我过去的关系模式。"

李承轩点点头，说："是的。"

陈逸芸又沉默了一下，才说："过去，我可以同时和几个男人交往，并且发生关系。"说完之后，她看着李承轩，观察他的反应。

李承轩没有说话，沉默地回望她，一脸的专注，并不见有鄙夷的神色。当两个人的眼神相接触的时候，他点点头示意她往下说。

陈逸芸说："事实上，我从小家教极其严谨，我现在这样的行为，在我的父母看来，是非常不道德不检点的。"

李承轩说："这只是你选择的一种生活方式罢了。先不要给自己下结论。你现在选择了这样的方式，并不等于说你以后也会选择这样的方式。"

陈逸芸说："我就害怕我会一直这样选择。我非常害怕孤独，我不喜欢一个人待在屋子里，我总得要找一个人陪我。有人在我身边，我才会觉得安全一点，一直以来都是这样，但是同时我又痛恨自己的依赖。"

李承轩问："你和那些人交往，只是希望驱赶孤独吗？"

陈逸芸说："是的。当我意识到我一个人的时候，我会打电话给其中一个人。不管是谁，只要他愿意过来陪我就好。"

李承轩问："到现在还是这样子吗？"

陈逸芸说："最近好一点了。我选择了一个人作为固定的伴。我希望我这样说的时候，你内心不要有反感。我只是希望把自己真实的想法说出来，好让你对我有更多的了解。”

李承轩说："我能理解。你继续说，没有关系。"

陈逸芸说："他是一个有妇之夫，我们不能经常在一起。每当他不能陪我的时候，我虽然知道自己对他不能提出要求，但是内心还是会很失落。以前，我为了报复他，我又去联系之前交往过的男人。只是这样一来，我觉得自己非常累，我痛恨这种生活。我不知道我为什么就是停不下来。"

李承轩问："那些男人能给你带来什么呢？"

陈逸芸说："除了给我带来感官的快意，还可以帮我驱散孤独的感觉。"

李承轩问："那么你这次希望解决什么问题呢？"

陈逸芸说："现在，我的前夫和女儿见面多了之后，产生了和我复合的念头。我知道和他复婚，对我的女儿还有整个家庭来说都很好处，但是我却不愿意放开那个人。也就是说，我宁愿做一个暗无天日的第三者，也不愿意让自己拥有正常的家庭生活。你说我是不是疯了？我很想知道自己为什么会这样，究竟是什么让我做出这样的选择？"

李承轩说："究竟是什么让你做出这样的选择，这就需要安静下来看清你的内心，看看你内心深处到底有什么在左右着你。你这样的情况已经维持多久了？"

陈逸芸说："两三年了吧。自从我和前夫分居之后，就开始了。我无法面对自己内心的孤独。"

李承轩问："当你孤独的时候，你会产生什么样的情绪？"

陈逸芸说："悲伤。"

"很好，你说到焦躁不安，我们姑且称为焦虑。也就是说当你孤独时会产生恐惧和焦虑的情绪。"

"是的。"

李承轩问："关于恐惧和焦虑，你了解多少呢？"

陈逸芸说："我不是很了解。"

李承轩说："那我先告诉你焦虑和恐惧之间的区别吧。焦虑是指一种缺乏明显客观原因的内心不安或无根据的恐惧，预期即将面临不良处境的一种紧张情绪。也就是说我们为并没有发生的事情产生害怕的情绪，这是一种不合理的思维。恐惧则是一种企图摆脱、逃避某种情境而又无能为力的情绪体验。恐惧的情绪往往源于现实生活中正在发生的事情。例如一个人身处在地震当中，看着房屋倒塌，他非常害怕，这种害怕是恐惧。如果一个人不在地震现场，即地震并没有发生，他想象过几天之后会有地震发生，越想越觉得害怕，这种害怕就是焦虑，焦虑的来源是现实中并没有发生的害怕事件，恐惧的来源是现实中正在发生的害怕事件。就像一个妈妈因为自己的儿子得了感冒去看医生，但是她很害怕自己的儿子会死掉，我们会说这是过度的焦虑，而不是恐惧。如果儿子被宣布说只有三天生命，妈妈这时的害怕就是恐惧。这样说，你能够理解吗？"

陈逸芸说："可以理解，但是这个和我的症状有什么关系呢？"

李承轩说："焦虑和恐惧通常是因为不安全感引发。所以这两种情绪产生的时候，人会不由自主地寻找安全感。你回想一下，你通常在什么时候很希望有人在自己的身边？"

陈逸芸说："焦虑不安的时候，觉得恐怖的时候。"

李承轩说："是的，这就是你选择的缓解这种情绪的方式了。你选择了这样的方式，并且觉得它对你有用，于是你就一直沿用。"

陈逸芸说："真不敢相信。"

李承轩说："当然，选择是没有对错的，不同的人会有不同的选择。你会这样选择，是因为你觉得，这个选择可以帮助你缓解内心的恐惧和焦虑。是吗？"

陈逸芸说："我第一次用这种方式，是在我第一次离婚之后。那段时间我情绪十分低落，于是选择了外出旅游。在旅游的途中，我遇到一个男子，他也是单独一个人去旅游，并且和我住在同一家酒店。我不知道是谁先主动的，其实这个在当时来说也不重要，重要的是和他在一起之后，我的心得到了暂时的安宁，我不再觉得惶惑不安，不再焦躁。旅行结束之后，我们的关系也结束了，并且双方都没有留下联络方式。这段关系带给我很美好的感觉，而我开始相信，美好的感觉并不需要长久，只要存在就可以了。于是，我开始刻意地去制造这样的机会。你知道，生活中也有很多这样的机会。"陈逸芸说到这里，无奈地笑了一下，低下头抚弄着自己修长的手指。

　　李承轩说："我们的行为很多时候是由心理活动引起的，性在这里，相当于一个用来释放焦虑的工具。"

　　陈逸芸说："现在我觉得，就好像是毒品一样。瘾君子用毒品来获得快感，填补内心的空虚感。我就用性的快感来释放我内心的焦虑。但是，我虽然得到了暂时的安宁，却总无法觉得踏实，总是忍不住会觉得自己低贱。"

　　李承轩说："是的，这只是一种方式，就像运动员通过运动释放自己的情绪一样。如果你不想要这样的方式，你可以去发现其他的方式，对你来说有帮助，又不会引起内心冲突的方式。"

　　陈逸芸说："事实上，我现在已经很少和那些人联络了。我不能释怀的是，我曾经是这样一个人。现在我知道了原因，觉得好多了，我以后会选择一些健康的方式来对待我自己的。"

　　李承轩说："你能这样做，真是太好了。回去之后，继续画情绪画。你带来的画我都看过了，在用色和构图方面，都有了很大的变化。首先是用色比较鲜艳了，构图也逐步趋向清晰明朗。这是一个非常大的进步，相信你自己也感觉到了。"

陈逸芸说："是的，并且我身边的人也有所感觉。谢谢李老师。"

李承轩说："感谢我的同时，也别忘记感谢自己，你取得的成绩都是靠你个人努力实现的。"

陈逸芸说："是的，我真的感觉到了。一个人的得救，很多时候要靠自救。如果自己都不想救自己，一心希望得到别人的帮助来完成救自己的过程，那是不现实的。"

从咨询室出来，陈逸芸拿出手机，一开机，就看到杨浩然的留言。最近，他越来越频繁地联系她了。面对杨浩然的殷勤，她陷入了困扰之中。父母在这段时间仔细观察着杨浩然的表现，觉得他的确是比过去成熟稳重有责任感了，于是开始游说她和他复合。当然他们也知道自己的女儿生性倔强，不容易说服，于是还拉上晓媛做说客。

晓媛过去一直缺乏父爱，这段时间内杨浩然对她关爱有加，她觉得非常开心，自然也很希望妈妈和爸爸能够复婚，让自己和大多数的同学一样，和爸爸妈妈，而不是和外公外婆住在一起。

陈逸芸并不是不能理解父母和女儿的心情，也不是不知道复婚带给整个家庭的好处，只不过每当她想到自己要和那个人分开，总会觉得心如刀割。

想到这里，她没有回复杨浩然的电话，却打了一个电话给谢志伟。

电话通了之后，她本来想好好地和他谈谈自己接受治疗的情况，但是他说自己正在开会，暂时不方便交谈，于是她主动挂断了电话。挂断电话之后，她内心不由得一阵失落。

她想，如果这个时候打电话给杨浩然，他一定会很开心。可是，见了他之后，自己内心的失落会平息吗？

她叹了一口气，站起身来就走，车也不等了。她知道，自己需要独自走一段路，面对自己现在内心涌起的这种感觉。

你选择责任还是自由

虽然第一阶段的成长课程已经结束，但是陈逸芸依然持续参加下面的课程。周三晚上，她早早来到俱乐部，刚走进活动室，就看见几个先到的成员在围着庄令扬说话。她也悄悄地走过去，在他们的身边坐了下来。

蕙兰说："庄老师，上次的活动结束之后，我回去思考了很久，发现自己的内在小孩不止一个，而且她们的年龄也各自不同，为什么会有这样的现象？"

庄令扬说："说说看她们都有些什么特征？"

蕙兰说："我感觉到最小的孩子是充满恐惧的，很需要被爱。稍大一点的孩子是叛逆的，总是我行我素，不太听话。"

庄令扬说："那个叛逆的小孩，你觉得她和你每一个成长阶段相联系的话，她是处于哪一个阶段呢？"

蕙兰说："是青春期吧，我青春期就很叛逆的。"说完，她吐着舌头笑了起来，众人见到她可爱的样子，也跟着笑了。

庄令扬说："那好，我们就来谈谈你的青春期，那个时候你内心冲突最厉害的原因是什么？"

蕙兰说："为了争取自由。那时候家里管我管得很严，我时时刻刻想要冲破父母的牵制。有时候甚至还故意去违背他们的命令，破坏他们的计划，让他们挺恼火的。"

庄令扬说："回想一下，每当这个时候，内心会有什么样的感受？"

蕙兰说："开始的时候会觉得挺开心的，毕竟，宣泄了内心的不满。但是看到他们不得不花时间和精力来为自己善后的时候，会觉得很内疚，觉得自己很不负责任。"

庄令扬说："也就是说，那时候内心的冲突，是自由和责任的冲突，是吗？"

蕙兰说："可以这样说。"

庄令扬说："这个问题非常有意思，而且，这不是你一个人会遇到的问题，我想这是每一个人都会遇到的问题。不如我们今天就以此为主题展开讨论，探讨一下我们内心追求自由的愿望和责任感相互之间如何协调的问题。大家意下如何？"围坐在周围的成员都举手赞同，看起来，这个话题大家都很感兴趣。

陈逸芸听到这个主题之后第一个联想到的人就是杨浩然，她觉得过去的他是一个完全倾向自由而忽略责任的人。第二个联想到的人是谢志伟，她觉得他是一个会因为责任而放弃自由的人。第三个是自己，她觉得自己的情况最糟糕，是一个分不清楚自由和责任的人。

她正想得入神，只见蕙兰走过来，坐在她身边对她说："逸芸，庄老师让我们自由讨论，我想听听你怎样理解自由和责任。"

陈逸芸："我觉得啊，自由是一片无垠的天空，而责任是绳索。"

蕙兰说："说得真好，那么你是怎样处理这两者之间的关系的呢？"

陈逸芸说："事实上，我处理得很糟糕。我和丈夫离婚之后，带着女儿一起生活。因为自己缺乏带孩子的经验，就请母亲过来帮忙。但是我们两人却经常会因为怎么教育孩子产生分歧。有一次，母亲还因为受不了我，跑回家去了。唉……"说到这里，她轻轻地叹了口气，蕙兰见状，不由得伸手过去拍拍她放在膝盖上的手。她抬眼看看蕙兰，感激地笑了一下。

她又继续说："那个时候，我就觉得母亲是干涉了我教育孩子的自由。后来我找到了工作，不得不和母亲妥协，把孩子托付给她，然后开始自己新的生活。此后，孩子的问题就成了我最大的心病。重新回归社会之后，生活变得很忙碌，别说照顾孩子，甚至有时候我都没有时间回妈妈家去看她。"

蕙兰说："你忙些什么啊？下班后不就可以照顾孩子了吗？"

陈逸芸说："也许是因为我对父母亲有依赖心理吧。当时我还年轻，渴望过多姿多彩的生活，所以经常会在下班之后参加一些社交活动，希望能够重新认识一个可靠的人，给女儿找个好爸爸。所以，一方面我觉得自己忽略了孩子，没有尽到做母亲的责任；另一方面，我又觉得，自己有追求幸福的自由。这两者之间经常会交战，让我觉得很疲累。"

蕙兰说："追求幸福的自由，不会因为你要照顾孩子而丧失啊。谁说你带着女儿就不能追求幸福了？"

陈逸芸说："也许我说得还不太明白，我的意思是，比如我去约会，总不能带着女儿去吧。我一方面需要多花点时间了解约会的对象；另一方面，我也需要有更多的时间来陪伴女儿。于是这个时候，我就会觉得自己是一个很自私的母亲，很不负责任。"

庄令扬一直在留意着陈逸芸和蕙兰的交谈，听到这里，他忍不住也坐过来，加入了她们的讨论："我现在谈谈我的观点，可以吧？"

陈逸芸说："当然可以了，能够得到你的指导，我是求之不得啊。"

庄令扬说："刚才听了逸芸的话之后，我觉得这不是自由和责任的问题，更像是一个选择的问题。我举一个例子，你和一群人去旅游，到了吃午饭的时间了，有人提议去路口的那间饭店吃饭，你认为这个提议不错，于是跟着去了。但是有人对此提议不认同，于是他选择了不去。不过还有另一种人，他在事后会责怪别人不叫上他。原因是什么呢？"陈逸芸和蕙兰同时摇摇头，表示不知道。

庄令扬说："因为他觉得那些决定要去的人，应该找他确定一下他究竟想不想一起去。这有没有道理？"

陈逸芸和蕙兰又摇摇头。

蕙兰说："如果别人的提议，他觉得认同，他应该站起来跟着去，但去不去是他自己的选择，别人只会尊重他的选择，而不可能去过问他为什么那样选择。"

庄令扬说："对。我们每一个人都要清楚自己是做出了选择，还是没有做出选择，而且还要清楚做出选择之后所要承担的责任。比如说你选择了读心术俱乐部，你就要承担两种后果，能够实现自我成长，不能够实现自我成长。如果能够获得自我成长，这当然好，但是如果不能，你能责怪庄令扬吗？"

陈逸芸说："在这里无论是有收获，还是没有收获，都应该是自己的事情，因为这是自己的选择。这里没有别人的责任，只有自己选择正确或是选择错误的问题。"

庄令扬说："对，而且就算没有做出选择，也需要承担相关的责任。比如说如果做出了选择，自己就可以成长得快一点，但是自己却选择了不选择。所以，自己的痛苦还是需要自己来承担责任。因为对自己不负责，所以要承担责任。"

陈逸芸说："庄老师，你的意思是不是说，自由或者责任，其实也是一种选择的结果？"

庄令扬说："自由和责任，不是一种选择的结果，而是两个不同的选项。我的意思是说，当你选择了自由的时候，你要为你选择自由负责。当你选择责任的时候，你也要为你选择了责任而负责。"

陈逸芸说："我不太懂。"

庄令扬说："比如你有追求自身价值体现的自由，并且你选择了它。那么，你就要为这种选择负责。在这个过程中先努力工作，该做什么就做什么，先把来自女儿的困扰收起来。同样地，你也有选择照顾女儿的自由和权利，如果你选择这个，你就应该好好照顾自己的女儿，陪她成长，而不是牵挂着工作的事情。这中间，是不会有任何冲突的。"

陈逸芸说："也就是说，只要清楚自己做出了哪一种选择，并好好地遵守，而不需要因为做出了这样的选择而苦苦挣扎，是吗？"

庄令扬说："是的。因为既然已经做出了选择，再去挣扎只会令自己更加痛苦，却对事态没有丝毫的帮助。"

陈逸芸说："听了你的分析，我知道以后该怎么样来平衡孩子问题和生活问题之间的关系了。谢谢庄老师。"

庄令扬说："你有这样的感悟，和你自身的努力也是分不开的。"说到这里，他提高了声音对着其他的学员说，"各位同学，现在可以把讨论中得到的感悟写下来，用诗歌或者散文的形式都行。把你理解的自由写进去，把你理解的责任也写进去。"

陈逸芸在庄令扬离开之后，沉思了好一会儿。她觉得，通过讨论，自己对自由和责任的认识又更深了一层，于是，她写下了以下的短文。

在我还是小孩子的时候，自由是我的好朋友，我们相处得非常融洽、自然，不需要任何掩饰。我和她在一起的时候觉得很轻松，毫无负担，我可以无拘无束地做我自己。自由给我带来快乐和愉悦。那时候，我以为自由会一直待在我的身边，但是随着时间如车轮般不停地转动，我和自由之间的友谊变得越来越脆弱。每次当我奔向她的时候，内心总觉得像有什么东西在后面牵扯着我，不让我前去。我很困惑，很迷茫，不知所措。

我问自由："为什么我会这样？内心深处牵扯着我的是什么？"

自由说："那是我的敌人——责任。你知道吗？当一个人内心有了责任的时候，自由就会被迫离他越来越远。"

听到自由的话之后，我觉得非常恐惧，还有愤怒，我不希望责任进入我的生活，但是，这似乎由不得我选择。随着我的成长，他出现的次数越来越多，逼得我不得不去面对他。

我问他："为什么要跟着我？我不喜欢你。"

责任说："喜欢自由的人，很少会喜欢我。但是，我却不是一无是处。自由可以给你带来快乐和愉悦，我也能带给你一些生活中必需的东西。"

我问："是什么？"

责任说："勇敢和坚强。"

我问："要这些有什么用？"

责任说："具备这些品质，会让你成为一个有价值的人。"

我听了之后，沉默不语。

责任问："你希望自己成为一个有价值的人吗？"

我说："是的。但是难道我拥有了自由，就会成为一个没有价值的人吗？"

责任说："不是的。其实我们两个也并不是完全对立的，我们其实也是可以同时陪伴你的，只是你现在还不懂得如何处理我们之间的关系罢了。如果有一天，你能处理好了，我们就可以同时在你身边陪伴你了。"

我问："那要等到什么时候？"

责任说："要等你经过不断地尝试找到好的方法之后。"

对于责任说的话，我似懂非懂。接下来，我找自由的时间越来越少。偶尔找到她，都会觉得心里充满犯罪感。自由察觉之后，觉得非常难过。于是我们见面的次数就越来越少了。我有些委屈，也有些无奈，但是内心却渴望得到她的理解，很想告诉她是因为我现在还没有协调能力，才不得不选择了偏向责任多一点。因为我希望自己是一个有价值的人，同时这也是我的家人对我的期望。岁月慢慢地流逝，我内心的冲突逐渐地减少，我逐渐地掌握了协调他们之间的关系的技巧。我很开心，我们三个终于可以结伴同行，享受美好人生。

真诚是一种力量

中午，何敏华打电话给陈逸芸，约她在街角的咖啡店见面。

见面之后，何敏华一边喝着咖啡，一边说："我快被我们办公室的小林气疯了。"

陈逸芸问："她做了什么让你这么生气？"

何敏华说："中午我们一起在员工食堂吃饭，她当众揭我的短。最让我难以忍受的是，她偏偏还说：'我这是为了你好啊，看在同事一场的分上才跟你说的。'真受不了！"

陈逸芸说："她是不是夸大其词了？"

何敏华说："那倒没有。其实那个缺点我自己也知道，只是我不希望她在那么多人面前说。我也觉得并没有必要在那么多人面前说。毕竟我在公司还是有一定地位的嘛，那个时候，你都不知道我有多尴尬。"

陈逸芸说："如果真的是为了你好，似乎在私底下指出会更好一些。"

何敏华叹了一口气说："就是嘛。唉，如果每个人都像你一样善解人意，那就真的是社会和谐了。那家伙这样的行为还不止一次呢。同事们都受不了她，一见到她，就绕路走。"

陈逸芸听到这里，不禁笑了起来："这个小林是初出茅庐的新人吧？"

何敏华说："你怎么知道？她刚从学校毕业没有多久，刚到我们公司上班，还在试用期呢。"

陈逸芸问："她的性格怎么样？"

何敏华说："外向。好像不知道忧愁一样，做错事批评了她也不会放在心上，总是乐呵呵的。"

陈逸芸说："从你的陈述中，我感觉她是一个热心却有点莽撞的人。如果根据希波克拉底的'体液学说'来分析，她极有可能是一个胆汁质的人。这种人的性格就是率直、外向，比较急躁和固执。以前我办公室有个同事也是这样的人，经常告诉我一些看起来很为我着想的观点。开始的时候，我虽然心中并不认同她的做法，但是咬咬牙就忍了，真的以为别人是为了自己好呢。现在我就不会啦，懂得自我保护了。"

何敏华一听，连忙放下咖啡杯说："你是怎么做的？快点教教我。等我找个机会治治她。"

陈逸芸说："这也没有什么秘诀，就说出自己真实的想法呗。如果我不想听她的意见，我会说：'等等，你说出来的话我听了之后会不会不开心？如果会，那就等我能够接受的时候再跟我说吧。'一般这样说了之后，她就会噤声了。"

何敏华说："这招好用。改天我也试一试。"

陈逸芸说："这种人呢，与其说他是真诚，还不如说他是真实。因为我理解的真诚应该是善意的，真诚地把自己的想法说出来之后，人家是会觉得舒服容易接受而不是觉得恼怒的。"

何敏华说："就是嘛，都不知她这样说是为了什么。"

陈逸芸说："一方面，年纪还小，还不懂得人情世故。另一方面，可能是为了证明自己是有观察力的，也有些人这样说是为了证明自己有眼光，比别人更优秀，或者是更有爱心。总之，这样做的目的，多数是为自己服务而非替别人着想。"

何敏华说："那这就是打着真诚的旗号踩低别人，抬高自己咯？"

陈逸芸说："可以这么说。真诚，可以理解为真实和诚恳两个方面。顾名思义，真实就是眼前所见所闻的现象。而诚恳是一种品质，是会站在对方的立场考虑问题。所以我敢肯定，小林对你和其他同事表达自己的看法时，只是表达了她真实的一面，诚恳的一面并没有表现出来。当然，她这样做并没有对错，也许真的是出自好心，只不过她的方法用错了，不被别人接受而已。"

何敏华说："我现在总算知道什么叫作好心办坏事了。我的缺点是存在的，她也没有说错。只是她没有评估一下我能不能接受就直接讲了出来。"

陈逸芸说："她是假定你可以接受，因为这就是她内心真实的感觉。她看到了这样的现象，而且把自己内心的感受说了出来，是因为她觉得有必要说出来。这些都是真实的。如果她稍微思考一下，就会明白这件事情在大庭广众下说和私底下说会有什么不同的效果了。当她懂得去考虑你的感受之时，那么她对你就已经做到真诚了。"

何敏华说："是啊。亏我当时还真以为她有什么好的建议，直说'好啊好啊欢迎指正'，结果听了之后让我觉得非常郁闷。"

陈逸芸抿嘴笑着说："你就当是吸取一个经验教训呗。"

何敏华说："我觉得这样的表达方式可以算是人际关系中的一个杀手。"

陈逸芸说："是的。告诉你吧，以前我就是这样子的，结果让我吃尽苦头。"

何敏华说："真的吗？看不出来啊。你现在处事很圆融啊，有时候我都不得不佩服你。"

陈逸芸说："那时候我大学刚刚毕业，什么人情世故都不懂。看到什么就说什么，结果人家觉得我很讨人嫌。我自己还很委屈呢，觉得自己是好心遭雷劈了，同时又觉得那些同事很虚伪，假道学。于是就渐渐地和他们疏远了，最后自己在办公室变得越来越孤立。待不下去就想着换工作，到了别的地方之后，却发现这样的现象依然存在，就更加觉得郁闷了。"

何敏华说："后来怎么改变过来了？学了心理学？"

陈逸芸说："那个时候也不懂得真诚的概念，还是学了心理学之后才了解的。我会改变，是因为后来我遇到一个很不错的上司。他和我父亲一般大的年纪，在一次公司例会上发现了我这个毛病，于是找了个时间和我聊天，指出这个缺点，并告诉我如果要有更大的发展，必须处理好自己的人际关系。同时他还教会我很多做人的哲学，在他的教育下，我总算是有所改正了。后来我在公司的人际关系逐渐地改善了，工作也进行得很顺利。这都得感谢他。当时他也没有引经据典，但是我觉得，虽然他老人家没有说什么大道理，话中却饱含哲理。"

何敏华说："可不是？可惜我们现在还不懂这些，因为我们还不是老人家。我看我们非得到被人家称为老人家的时候，才会懂得这些。"

陈逸芸一听，忍不住笑了起来。

这天晚上，陈逸芸在日记里写道：

今天和敏华见面的时候，讨论到真诚的关系。我觉得就真诚这个词来说，包含"真"和"诚"两个概念。"诚"里面包含着"真"，但是在"真"里面却不一定包含着"诚"。"真"是一种现象，这种现象是具体的，它反映的是一个客观事实，例如我们身边正摆放着一盆花。"真"就是我们眼前所看到的一切，以及由这一切产生的内心的感受，是确定存在的。也可以这么说，"真"就是自然，而"诚"是内心无形的一种情感，一种善意，一种人性的体现。

在生活中，我们经常会告诉别人自己的某些做法是真诚的。但是我们真的就真诚吗？当我们看到某种现象，同时发现我们身边的某个人将会被这种现象伤害的时候，我们应该怎么告诉他呢？是告诉他真实的现象，还是要评估他的接受能力之后再告诉他呢？这里的真诚就起到了很重要的作用。

没有经过任何加工和修饰就告诉一个人真实的事件，他未必能够接受。在事态极端的情况下，对方有可能还会因此而受到伤害。但是倘若能够带着诚意，站在对方的角度先衡量一下这件事情对他造成的冲击，处理的结果就会变得相对柔和一点，更能达到助人的目的。

例如，在某个人经历了重大的事故之后，最好的做法并不是围在他的身边出言安慰。这个时候，他更需要的是平静。出言安慰是一种真实表达自己心意的做法，对事件的当事人来说也许并不能起到安抚的作用，反而有可能增加他的困扰。最佳的方法就是静静地待在他的身边，关注他，留意他的需要，并尽力帮助他解决当前的问题。

如果说"真"是一个充满热情的热血青年，那么"诚"就是一个睿智的善解人意的长者。只有在年轻人的行动力和长者的缜密思维相结合的时候，才是真诚真正体现的时候。

同时，我认为真诚并不是一个人与生俱来就知道的，而是一种学习得来的品质。要真正地学会真诚，首先需要有敏锐的洞察力，能够及时注意到当下发生的事件，以及看到事件背后的本质。其次是必须拥有面对这种真实现象的勇气，如果一个人具备洞察力，但是对发生的现象却视而不见，听而不闻，这也不能培养出真诚的能力。在人际交往中，如果表达真实现象是为了让他人获得心理成长，而且能够让人产生快乐，不感觉受伤，这就是真诚。

在大自然中，我们遵守"真"，与人交往的时候，我们遵守"诚"，这才是人际交往的真谛。也只有这样，真诚才是爱的表现，才是力量的象征。

经验与经历

陈逸芸刚回到家，女儿晓媛就跑过来问她："妈妈，我问你，经验和经历有什么不同？"

她一边把手上的东西放好，一边问："这是老师布置的作业吗？"

晓媛说："不是的，是我今天在看课外书的时候看到这两个词。我弄不明白，所以问你。我刚才问了外婆，她说得不清楚。"

她把女儿带到客厅的沙发上坐下来，然后说道："经验嘛，就是从某件事情中学到的知识。比如说今天晚上如果外婆叫你帮她做饭，你会不会做？"

晓媛说："我不会。"

陈逸芸问："为什么？"

晓媛说："因为我没有做过嘛。"

陈逸芸说："这就对了。因为你没有做过，没有经验所以不会做。经验可以说是学习之后得到的结果。比如今天外婆教你做饭的方法，明天你要自己做饭，那么你就可以按照今天学到的方法来做。这个方法，就成了你的经验。这样你懂了吗？"

晓媛点点头说："原来那么简单啊。那经历呢？"

陈逸芸说："经历就是你亲手做过，亲眼看见过的，或者是亲身经历过的事情。还是用刚才的比喻，外婆叫你做饭，你做了，那做饭的过程就是你的经历。经历不只包括做饭的过程，还包括外婆教你的过程。"

晓媛说："我不是很懂啊。你再说得明白些。"

陈逸芸说："比如，你明天去学校，和你的同学说：'昨天我外婆教我做饭，我是怎么怎么做的。'那么，你就是在对同学说外婆教你做饭的经历了。"

晓媛说："这么说，经历比经验更大一点了。"

陈逸芸一听笑了起来，小孩子就喜欢用大小来比喻程度，说："对，就像我们家里，先有了外婆外公，才有我，再到你。"

晓媛说："那么，经验是从经历中得到的咯？"

陈逸芸听了，一把抱住女儿说："你好聪明啊，懂得举一反三了。"

晓媛得意地笑起来，停了一下，又问："妈妈，那是不是一个人的经历越多，经验就越多？"

陈逸芸说："一般来说是这样的。"

晓媛问："那些经验都是有用的吗？"

陈逸芸说："那可不一定！"

晓媛问："怎么说呢？"

陈逸芸说："比如说有一个小孩子，他小时候经历过被爸爸打屁股的事情。他得到的经验有两种：一种是不听话就要被大人打屁股，另一种是打屁股很痛。那么他长大以后，如果把这种'不听话就要被大人打屁股'的经验用在他的小孩子身上，你说好不好？"

晓媛立刻把脑袋摇得像拨浪鼓似的说："当然不好啦，打人是不对的。"

陈逸芸摸摸女儿的头说："所以说，经验不一定都是正确的。"

晓媛问："可是如果小孩子分辨不出来，用了不好的经验，那可怎么办啊？"

陈逸芸说："如果是在小时候用了不好的经验，可能就要等到长大之后发现了才能改正过来啦。好啦，你该去做作业了，做完作业我们再继续讨论经验和经历的问题。"

晓媛离开之后，陈逸芸陷入了沉思，女儿刚才那句"可是如果小孩子分辨不出来，那可怎么办啊？"像是警钟一样突然把她敲醒。

她自从出生到现在，经历过的事情已经不知道有多少。单单是从"人"这方面来统计，她每天都遇到不同的人，到现在为止，应该有上万个了。每个人都会和她产生连接，而每个人和她之间发生的事情往往不止一件。那么，她大大小小的经历已经不是用万来做单位，有可能是十万来做单位了。

在这个过程中，自己的经验系统不断被填充，好的经验和不好的经验堆积在一起，就像是一个没有分类的档案室一样。此后，在经历某些事情需要用到某种经验的时候，她也不管三七二十一信手拈来，拿起就用，从来不曾分辨是否适合。她这种拿来就用的结果，直接作用于自己的生活，受影响的不只是自己，还有自己的家人。过去发生的一切，有多少是因为自己用错了经验才发生的呢？自己最近的学习，对改正错误有多大的帮助呢？

想到这里，她马上回到自己的房间，关上门，拿出纸和笔，列了一个表格出来。她现在很想弄清楚自己曾经运用的经验对自己生活的影响。再说只有把自己的问题弄清楚了，才能好好地教导女儿啊。

她首先在表格中填写了自己的名字，然后填写上父母和女儿的名字，继续往下填上杨浩然、沈宁志、段君、谢志伟的名字。

填好之后，她把每一个人都画成一幅画，一字排开，放在自己的面前，然后仔细回想自己和画中每一个人之间发生过的事情。

在与父母的关系中，她首先运用的不好的经验是自责。她以为通过自责，母亲可能会因为看到她懂事而对她更关注一些，更疼爱一些。同时，她也希望通过自责来消除自己的内疚感。这种内疚感是因为父母的愿望没有达成而产生的。父母在她还没有出世之前，本来以为她是一个男孩，结果生下来是女孩。她以为这是自己的过错，应该为这件事情自责。因为一直存在内疚和自责的心理，所以她对父母的忽略从来不敢提出异议，并且想尽一切办法讨他们欢心。久而久之，这不但没有让自己和父母之间的感情更进一步，反而让这种并不真诚的表达，隔离了自己和父母之间的情感。

在和女儿之间，她运用的经验是逃避和自卑。她觉得自己不是一个好妈妈。首先她没有扮演好一个妈妈的角色，她不能给孩子一个完整的家，不能让孩子拥有爸爸。其次，自己过去复杂的亲密关系也让她认为自己不配当一个好妈妈。对晓媛的感情中，依然带有很多自责和内疚的成分，以致在她第三次婚姻中，尽管晓媛对她表现得非常冷漠，很不礼貌，她也不敢直接指出她的错处，不敢出言管教她，纠正她的行为，而是赶紧把她送到父母家里，避免和她产生正面的冲突。她这样的行为，不但伤了女儿的心，而且让自己陷入更大的痛苦之中。

对待三个前夫，她运用了从母亲那里学来的经验，运用了母亲和父亲相处的模式。以前，她从来没有想到每个人都是独立的个体，也没有思考过为什么自己和几个前夫之间会出现各种各样的问题。她也没有考虑过经验是否适用的问题，她不知道一种经验用在甲的身上也许奏效，但用在乙的身上也许就会失灵。正因为如此，所以这三段婚姻都以失败告终，而自己还百思不得其解。

最后，陈逸芸发现以上记录的运用经验的经历又给自己带来了全新的经验。由此可见，经验和经历是互相交融、互相转换的。经验获得的过程有可能是感性的，也就是说人类知识起源于感觉，并以感觉的领会为基础得出经验。但是运用经验的过程却宜理性。只是，自己也是吃了不少亏，受了不少苦之后才把这个经验给总结出来。可见经验的获得，不管是好是坏都要做出牺牲，一件发生在日常生活中的小事，有时候甚至要付出惊人的代价。

同时她也认识到，经验的获得有时候并不需要自己亲身经历。亲眼看到的东西，也可能被内化为自己的经验。比如自己在婚姻中运用的经验，那就是母亲的经验。又如现在有些恐婚青年，他们大多数并没有经历过婚姻，害怕结婚不过是因为看了太多不完美的婚姻，唯恐自己也会有相同的结果。这种人是把别人的经历未经加工就当成了自己的经验加以使用，结果产生了不良效果。

陈逸芸看着这些图画，那些写在图画上密密麻麻的字就像是探索心灵之旅的一个个路标，而自己跟着这些路标，已经离目标越来越近。想到这里，她内心不由得一阵欢喜。最值得高兴的是，这种收获不只是自己个人的收获，还是一种可以和朋友分享的经验。这几年来，她从来没有想过自己有一天会获得如此巨大的成长。她总是觉得自己这一辈子都会庸庸碌碌地度过了，会整日活在烦恼中，会纠缠在生活的大小事务中。

现在如果说还有什么是觉得遗憾的事情，就是当初自己因为年少气盛，没有好好地和杨浩然沟通，而是通过以暴制暴的方式来对待他，造成两个人的婚姻破裂，让女儿晓媛不得不从小就受到父母离异的打击。并且，在离婚后两三年，自己以杨浩然不喜欢女儿为借口禁止他探望，完全漠视晓媛对父爱的渴望。因此，给女儿和杨浩然都造成了不小的伤害。虽然现在自己已经在尽力弥补以往的过失，但是她还是非常担心这个不好的经历会对晓媛造成不良影响。

第二个遗憾是自己后来结婚两次，两次都未能带给晓媛幸福的感觉。自己不但处理不好和丈夫的关系，也处理不好女儿和继父之间的关系。不懂得给他们制造机会沟通，只知道一味将彼此隔开。她以为这是对晓媛的保护，殊不知这对晓媛的伤害更大。她婚后因为无法处理好家庭关系，把女儿再次送到父母家，让晓媛觉得自己被妈妈再一次抛弃，从而曾经对她产生强烈的恨意。现在回想起这一切，她既觉得心痛，又觉得惭愧。

幸好，这一切被及时终止了。现在，她已经逐渐变得有力量，不但可以修复自己心上的伤痕，还可以修复父母和女儿心上的伤痕了。她终于获得一些有用的经验，而且，她要把这些经验传给女儿，让她长大后可以过上幸福的生活。

婚姻无限责任公司

上次找李承轩咨询之后，陈逸芸开始思考他所说的处理亲密关系的问题。开始的时候，她并不明白李承轩为什么要把关系处理这个内容放在最后。就当时的情况来看，好像一切的问题都是因为关系处理不好才产生的，所以那个时候调节关系对于自己来说是一件十分重要的事情，但是他没有选择在咨询开始的时候进行。

今天她才真正明白他的用心。她现在已经完全明白，一个人无论和身边的人关系多么糟糕，只要认清了自己，改变自己，和别人的关系就会发生转变。如果一开始就纠缠在关系之中，只会变成一次一次的诉苦，对于改变关系并没有真正的帮助。到了今天，当自己内部的情绪得到了有效控制的时候，当自己对自我有了更清晰的认识之后，当自己不再带着某种偏见和别人相处的时候，自己和周围人的关系自然而然就改善了。关系的改善让一个人的心灵得到了宁静和平衡。虽然围绕在自己身边的关系还是那么复杂，但是今天，这些关系带给自己的感觉，已经不再是厌恶和疼痛。

两个陌生的男女因为缘分相识，产生了恋爱关系，如果发展顺利，会产生婚姻关系，让社会中增加一个新家庭。然而，这个新家庭并不只有两个人，还有其他参与者。也就是说，当两个单身的男女结合在一起的时候，其实是等于把两个人的关系网结合在一起。重新构建了一张更加复杂的关系网，这张网让很多原本毫无关联的人共聚在一起，互融，交织，产生更多的社会生活事件。

由此可见，关系是在社会交往中发生的，不论是婚姻、血缘，还是其他的社会关系，无不起源于某一个社会事件。比如夫妻关系因为结婚产生，夫妻结婚之后生育，血缘关系因此派生，同事关系因为工作产生，合作关系因为要就某件事情达到共同目的而产生。

就亲密关系而言，彼此会产生关系，是因为内心有了某一种连接。也就是说，有了喜欢或者爱的感觉，于是彼此变得亲近。自然，亲近之后，关系会因此确立。关系确立之后，是否能稳固，这关乎彼此的性格是否吻合，或者是有比较高的吻合度。这个吻合度是彼此之间关系是否能持续维系的关键。

就如父母亲的婚姻，父亲个性沉稳，母亲个性张扬，于是总会产生碰撞。现在，上了年纪的母亲在性格上有所收敛，和父亲的关系才逐渐好了起来。年轻的时候，虽然不至于三天一小吵，五天一大吵，但是他们之间的冷战总是不时会发生。为此她还曾经冒出"父母亲过得如此辛苦为什么不干脆离婚"的念头。也许正是由于这个原因，当她发现杨浩然和自己的价值观并不相同之后，自己就马上提出和他离婚。

性格中又包含了态度和情绪两个部分。所谓的态度，在心理学上的解释就是在自身道德观和价值观的基础上对事物的评价和行为倾向。态度表现于三个部分：认识、情感、行为倾向。

认识就是每个人对他人或者某一事件的认知。这往往决定于自身的道德观和价值观，并以此作为基础对态度对象认定其事实，树立信念，进行评估。

在这个过程中，当然少不了情感的参与。事实上，在亲密关系中，情感成分往往占了主导地位，决定着态度的基本取向和行为的倾向。而情感总是通过情绪来反映，无论是喜欢或是厌恶，都是如此。离开了情绪，情感就无法表达。正是因为如此，情绪在亲密关系中起着至关重要的作用。一个人在自己的各种关系中表现出哪一种情绪，决定了这段关系的生死存亡。

以自己的第二次婚姻为例子，因为自己当时是抱着找一个避难所的念头才和沈宁志结婚的，两个人之间的情感比例是严重失衡的。虽然，沈宁志对她有感情，但是她对他却没有丝毫的感情。正是因为如此，在履行妻子义务的时候，她总是心不甘情不愿。因为缺乏情感的参与，让他们在这段婚姻中过得很不快乐，甚至可以用痛苦来形容。所以，在她人生的三段婚姻中，这段婚姻是最短命的，一共才维持了8个月。

想到这里，陈逸芸对自己过去经营不好亲密关系已经有了一个大概的理念。从过去的经验中可以看出，感情的参与固然很重要，但是如果认知不正确，同样对关系有很大的损害。过去，自己对父母和前夫都产生了认知上的偏差，而这样的偏差，让她觉得自己的感情受到了他们的损害。就是这样一种观点，让她在彼此的关系中运用了一系列不良的情绪，以致最后让彼此的关系破裂。当然，过去她对自己不能控制情绪的原因一无所知，这些都是一直躲藏在潜意识中的自我通过意识表现出来的。

最近她看了一篇李承轩的文章，在文章中李承轩把婚姻比作一家无限责任公司，把结婚的两个人比作这家公司的股东。她于是联想到自己在管理过的几家公司中和几个合作人之间的关系建立、维系和结束的过程。

自己第一个合作人自然是杨浩然，在这段关系中，她固然不懂得如何经营这家新开的公司，而杨浩然也对此缺乏经验。于是到了最后，管理这家公司的不再是他们自己，而是他们的内在小孩。两个缺乏安全感又需要照顾和爱的小孩一起管理一家庞大而复杂的公司，后果可想而知。

第二个合作人是沈宁志。实际上自己对于组建这家公司是非常被动的，对于这个合作人更是毫无感情可言。当初自己会很快地走进这段婚姻，完全是因为当时自己的内心极度沮丧。父母亲不能理解自己和杨浩然离婚的决定，周围的舆论也让自己产生了一种强烈的逃避冲动。也就是说，第二段婚姻等于是自己找到的一个避难所。既然是一个避难所，自然不会长期逗留。所以当自己走出困境之后，离开这个自己心存感激却没有感情的避难所也是必然的事情。

第三段婚姻的合作人是段君。这段婚姻中的确饱含真爱，让她充分地享受过婚姻和恋爱的甜蜜。这也是她不能面对这段婚姻结束最后要选择自杀的原因。但是，在经营这段婚姻的时候，虽然她很努力，却过分地小心翼翼。因为内心的不安全感，也因为有过两段失败婚姻的经验，让她对婚姻的经营就如惊弓之鸟一样。种种原因交织成复杂的心情，让她对段君对自己的态度变得非常敏感。他稍有疏忽，都能引起她很大的情绪反应。这样的反应，其实还包含了自卑的因素。段君和她结婚的时候，是第一次结婚，而她已经是第三次结婚，她认为这样的结合对于段君来说是不公平的。她强加给这段婚姻的条件，让这段婚姻的共同经营者之间产生了不对等性。从情感的角度出发，同时她又觉得这种不对等是不公平的。因为内心的诸多斗争，让她在对待这段婚姻的时候采取了好几种态度，让段君变得无所适从。而且，在这期间，自己更套用了母亲和父亲相处的模式，让段君觉得自己受到她的控制。久而久之，两个人的关系陷入了僵局。以致后来，第三者乘虚而入，自己的第三段婚姻宣告结束。

现在回想，自己当初会选择自杀，除了没有办法接受段君感情的背叛之外，还有一种对无法经营好亲密关系的绝望。第三段以失败告终的婚姻起到了"压死骆驼的最后一根稻草"的作用，让她的心理再也承受不了，于是做出了那样的选择。

如今，婚姻关系是结束了，但是彼此的关联却并没有完全断绝。杨浩然依然是晓媛的父亲，现在他和晓媛之间的联系越来越紧密。因为他们之间的联系，自己和他就不可能完全脱离关系。并且，当他有了复婚的念头之后，他们之间的关系可以说又紧紧地拧在一起了。

因为当初对沈宁志的感激，离婚之后，自己偶然也还会和他联络。他再婚之后，联络就少了。但是每逢节日，他们都会发信息互相问候。与段君也是如此，毕竟相爱一场，现在，大家以朋友的身份相处，显得更加轻松。

回顾以往，对比现在，陈逸芸只觉得内心五味杂陈。除了有遗憾，还有感伤。但是过去的经历就像是反面教材一样，让她对自己未来要面对的各种关系有了更加深切的认识。同时她也知道，过去的经历已经不会再影响自己的生活。今天的自己已经有了更多的勇气和智慧，以后她会用全新的态度来生活，只有这样，才能活得更舒服、更精彩。

先说再见的人

　　九月中旬，陈逸芸请假参加了李承轩在云南举办的一个工作坊。这个工作坊的参与者是一个旅游团公司的员工，他们安排了一个别开生面的游山玩水探讨心灵之旅。

　　这次的行程让陈逸芸和李承轩有了更多的接触。一路上，她和李承轩分享了自己最近对关系的感悟。于是，他们展开了亲密关系的讨论。

　　这时候，一个跟随在李承轩身边一直倾听他们讨论的成员说："李老师，我有一个很奇怪的行为。"

　　李承轩听了之后，转过头去看她，很感兴趣地问："哦？请你说说是什么奇怪的行为？"

　　那成员说："每次我和男朋友吵架之后，只要是他提到分手，我都会很快地抢着跟他说再见。有时候甚至他都没有这样的意思，我就神经过敏地把再见说出口了。结果两个人在一起的时候，很不开心。现在，他说连吵架也不敢和我吵了。我们一个是南方人，一个是北方人，是历尽艰难才走到一起来的。交往的时候，遭到了家里的强烈反对，我妈妈甚至以死相逼，但是最终我们还是说服了她，走到了一起。本来以为好不容易在一起，从此会过上幸福的生活，谁知道因为个性中存在着的差异，我们过得非常痛苦。我正是由于这个原因，才报名参加这个工作坊的，希望参加完之后，对我们的感情发展有帮助。"

李承轩说："每当你抢先说了再见之后，内心是什么感觉？"

成员说："我心里其实很不舍得啊，说了再见自己更加心痛。实际上内心根本就不想说再见，但是嘴巴却不受控制。"

李承轩说："你的问题很有启迪性，对我们了解亲密关系的相处模式也有很大的帮助。现在，不如我们就在这里停下来玩一个游戏。我希望通过这个游戏，能够让成员更加了解自己在亲密关系中的模式。"

接下来，李承轩把成员分成两个小组，排成两排前后站好。第一个小组的成员背对着第二个小组的成员。活动开始之后，李承轩示意第一排的成员做出离开的动作，而第二排的成员做出挽留的动作（伸手扯住对方的衣服），并且示意他们不断地把自己离开或挽留的意愿增强。这样的动作大概维持了10分钟，李承轩让第一排和第二排的成员互相调换，感受不同的角色情境。活动完毕之后，李承轩让成员们就地坐下来，分享在活动过程中的感受。

通过这个活动，陈逸芸回忆起以前自己在和谢志伟相处时的情景，她也会采取先说再见的态度。并且她对自己越是在乎的人，越会做出这样的行为。现在，她已经明白自己会这样做是因为内在自我没有调整好的原因，但是她更想了解的是，这种模式产生的原因。

想到这里，她首先举手分享了自己的感受。她说："当我准备要走的时候，背后有个人在拉着我说'你不要走'，那个时候，我心里觉得挺难过的。但是不知道为什么，她拉得越紧，喊得越大声，我越想离开。"

李承轩说："这是你要走的情境。那么，你挽留别人的时候，内心又有什么感觉呢？"

陈逸芸说："我觉得很伤心，很害怕，有一种恐惧的感觉涌上心头。"

李承轩问："这样的感觉是从哪里来的？"

陈逸芸说："我想是从内在小孩那里传过来的。"

李承轩说："内在小孩的这种感觉，又是从哪里来的？"

陈逸芸沉思了一下，说："这应该和我小时候的一段经历有关。在我4岁那年，被父母送到了外婆家。那个时候，我父亲的工作刚刚发生调动，生活还不是很稳定，照顾不了两个孩子。因为我年纪比较小，需要花费更多的精力来照顾。于是母亲就和父亲商量，把我送到外婆家让她帮忙照顾我。我的外婆在外省，刚知道妈妈要送我去外婆家的时候，我觉得很害怕。因为在我去外婆家的前一天，我的姐姐对我说父母不要我了。我死活不愿意去，但是那时候可由不得我。我去了外婆家之后，外婆对我非常好，我虽然担心母亲会突然扔下我回家，却依然过得很开心。妈妈和我在外婆家住了几天之后，她真的跟我说，她要把我留在外婆家，因为她照顾不了我。我当时觉得非常委屈和害怕，我觉得她是一去不回，再也不要我了，于是我拼命地大哭起来。她一边走，我就一边哭着跟在她的后面追。后来母亲实在是没办法，就让外婆把我抱住，自己快步走出了村口，坐上进城的车走了。这件事情对我的打击是非常大的。

"后来还发生了一件类似的事情，两年后，父亲的工作相对稳定了，于是让外婆把我送回城里读书。外婆那时候和我已经建立了很深厚的感情，可是她把我送回家之后，临走之前都没有跟我说一声再见。那是她把我送回父母身边一个月后，我当时已经开始上幼儿园了。有一天回到家里发现外婆不见了，问了父母之后，才知道她已经回乡下去了。那个时候，我也非常伤心，觉得自己又一次被抛弃了。"

李承轩说："从逸芸的故事，我想引申一个原理，这个原理可以说明为什么童年的生活事件，会对成年以后的生活模式产生影响。这个理论叫作依附理论。这个理论是关于一个人为了得到安全感而寻求亲近另一人的心理倾向。当此人在场时会感到安全，不在场时会感到焦虑。

"关于依附理论，有一个著名的动物实验，是对恒河猴做的。在这个实验中，新生恒河猴出生后，人们很快把它抱离母亲的身边，并为它提供两个代理母亲：一个是由铁线做成的，另一个是木头套上泡沫橡皮和毛衣做成的，两个人偶都加温，并可在胸前装上奶瓶提供食物。据此实验观察到，幼猴子会趴附在柔软衣物的人偶旁，无论提供食物与否。当柔软衣物人偶在附近时，幼猴们也比较积极地探索周遭的世界，似乎人偶为它们提供了一种安全感。而另一个铁丝做成的人偶，尽管也有奶瓶，有温度，但幼猴并不愿依附。而且，在系列的实验中还发现，被强行带离依附对象的幼猴，其长大后的行为常常不同于得到正常养育的幼猴的行为。

"根据这个实验，后来心理学家在婴儿身上得到类似的反应。也就是说当婴儿与母亲分开的时候，会出现一种三阶段的情感反应。首先的反应是反抗，以哭喊来体现，并且拒绝别人的安慰。到了第二个阶段就是失望，这个时候婴儿会表现得悲伤、消沉、闷闷不乐。第三阶段是漠然，也就是说，这时候如果母亲返回，他会主动漠视和回避。

"根据这些现象，人们得出一个假设，就是如果母亲对婴儿的需要做出敏感、积极的反应，会使婴儿表现出安全型依附。安全型依附的婴儿会寻求接近、接触母亲，或在远处以微笑或招手问候母亲。

"而这种敏感反应如果缺乏，就会导致不安全型依附。不安全型依附有回避型和抵抗型。回避型婴儿会回避母亲。抵抗型也叫矛盾型，这种类型的婴儿会对母亲冷淡或主动地表现出对母亲的敌意。

"事实上，根据依附理论，我们不仅可以理解婴儿的情感反应，也可以理解成人的爱、孤独和悲伤。成人的依附形式是直接来源于自己婴幼儿及童年时代发展起来的依附模式。

"安全型成人发现接近他人较容易，并能自然地依赖于他人和被他人依赖。安全型成人不会经常忧虑于被抛弃或与人关系过于亲密。

"回避型成人在与他人关系亲密时会有些不自然；他们发现难以完全信任他人，难以让自己依赖他人。回避型成人在与别人关系亲密时会感到紧张，并且，如果他们的情人要求更亲密的关系经常使他们感到不自然。

"焦虑型也称为矛盾型成人会发现别人不乐意像自己所希望的那样关系亲密。焦虑型成人经常担心自己的伴侣不是真的爱自己，或者担心伴侣不想与自己在一起。焦虑型成人想与另一个人完全融合在一起，而这种愿望有时会把别人吓跑。

"因此，你们每个人可以对照一下自己的依附模式，然后就不难发现自己为什么要先说再见。在现实生活中，还有一种和先说再见相对应的类型，那种人是不敢说再见的。每次面对分离的场合，他一定会悄悄地先离开。"李承轩说到这里的时候，已经有不少人举手表示赞同。

通过这个原理，陈逸芸对自己处理关系的模式有了更深的了解。她明白，自己在亲密关系中会先说再见，但是在其他的关系中，却是不敢说再见的人。记得她在大学毕业的时候，特别选择了别人不在宿舍的时候离开。在工作中，她也不愿意面对和同事之间的分离场面。每次有同事要离职，举办欢送会的时候，她总会借故推辞不参加，或者是在欢送会上出现一下就离开了，从不会逗留到最后。因为她不能接受说再见时的伤感，久而久之，对这样的场面形成了一种逃避心理。

她想，人生毕竟就是一个分分合合的过程，没有一个人能够真正陪自己过一辈子。哪怕是有血缘关系的父母也不能，因为每个人都有一个最终的分离——死亡。所以，没有人能真正躲得过分离时刻。也许，从这一次的活动中，当自己明白了自己面对分离的模式之后，以后自己就能做到坦然面对分离了。因为她知道，分离和相遇一样，是生活中不可缺少的一个模式，逃避并不会让分离从此消失。并且她感觉到随着她对自我的不断探索、完善，今天她已经成为一个有力量的人，已经完全具备了面对分离的勇气。她相信，不管以后在生活中会遇到什么样的情况，她都可以坦然面对，处变不惊了。

生命中的贵人

在云南的工作坊中，陈逸芸遇到一个让自己很不舒服的女人。事实上那个女人长得并不丑，也很有学识，而且生得一副我见犹怜的样子，在团体中特别受照顾，尤其是来自男士的照顾。但是不知道为什么，陈逸芸一看到她就会觉得不舒服，只要是她出现的场合，陈逸芸就会变得连话也懒得说了。她从来都没有对一个陌生人产生过这么大的反感，她不知道是出于什么原因。于是，她打算找李承轩讨教一下。

她在树荫下找到李承轩，当她问起这个问题的时候，李承轩却不直接回答，只是向她神秘地笑笑，说："你问的这个问题在明天的活动中会得到解答。所以我现在不跟你讨论，明天你自己慢慢去体会，会有更大的收获。"

陈逸芸看到他那神秘兮兮的样子，内心不由得更加好奇，却也知道今天自己是一定无法得到答案了，于是就作罢。

晚上，她散步之后回到房间，同住的室友还没有回来，于是她梳洗之后，拿出自己带来的休闲书躺在床上看了起来。翻了几页，看到一个叫作《床头女像》的故事，内容大概是这样子的：

有一个叫安积良斋的人，他的床头无论何时都挂着一个女人的画像，不但如此，他还随时在画像下供奉着珍奇果品。这是什么原因呢？

原来安积在年轻时曾经娶了一位妻子。他因幼年出过天花所以面貌变得非常丑陋，疤痕满脸，像个怪物。那女人嫌他面目丑陋，忍受不了，终于和他离婚了。后来他又娶了一个女人，那女人也忍受不了他的丑陋，离他而去。

离婚之后，安积每每对镜长叹，痛苦万分。但有一天，他突然明白了，一个人的价值在于心灵。身体的缺陷无法改变，但心灵是可以净化提升的。于是他奋发努力，琢磨心志，后来拜在当时大学者佐藤一斋门下，以坚忍的毅力，刻苦用功，终于成为当时第一流的大学者。

他把这一切，归功于那因嫌恶他而离他远去的女人。他想："如果当初女人不嫌弃我，就不可能促使我奋发。我不能忘记她们的大恩。"于是他把女人的画像挂在床头，以表报答之意。

看完这个故事之后，陈逸芸心想，不喜欢自己的人，可以成为自己的一种动力，那自己不喜欢的人，是不是也可以这样呢？想到那个女人，她自己都不免觉得好笑，这是她们第一次见面，以前从来没有见过，她凭什么不喜欢人家呢？难道是出于女人之间的妒忌吗？想想也没有可能啊，如果换作是以前，在她内心的自我并不强大的时候，她可能会因为自卑而去妒忌她，但是今天，她已经很清楚自己的优点，也知道自己并不比她差，又何必去妒忌她呢？整晚，她就不断思考着这个问题，却也想不出一个所以然来。

第二天早上，李承轩带领大家玩了一个游戏，游戏的名字叫"原来你也在这里"。

在玩游戏之前，他先提了两个问题让成员思考。第一个问题是：在自己过去的生活中，哪个人对自己的影响最大？第二个问题是：具体想想他是如何影响你的。

游戏开始之后，他首先让成员们围成一个大圆圈，然后让每一个人在这个小组中寻找一个让自己觉得安全的人。找到对方的方式是凭着自己内心当下的感觉，用手指指向那个你认为安全的人。如果两个人同时指向对方，那么，配对就是成功的，不成功的人，继续寻找。

找到这个人之后，彼此用几分钟的时间来交流，说出自己选择对方的原因。等他们彼此交流完毕，他又把这两个人视为一个整体，让他们继续寻找另外的两个人，结合成新的整体。然后，再用几分钟的时间交流彼此的想法，让彼此的了解更加深入。他这样做的目的，是为了让成员们打开自己内心的小樊笼，真正融入这个群体。

在活动的过程中，陈逸芸昨天看见的那个让自己感觉不舒服的女孩子指向自己，但是她并没有选择她。因为她不知道如果两个人配对成功，她该如何面对她。想到这里她不由觉得，如果昨天李承轩愿意告诉她原因就好了，那么自己应该就可以坦然地和她相处了。

在活动过后，李承轩给每个人发了一张纸，让成员们写上自己觉得不那么喜欢的人的名字，然后收藏好。而接下来几天的任务，就是思考自己为什么会不喜欢对方。他指出，成员对那个不喜欢的人，可以暗中观察，寻找原因。

李承轩说："想想看，这里很多人自己是第一次见面的，那么，为什么你会不喜欢他呢？凭什么不喜欢他呢？这就是一个很有趣的问题，很值得研究。也许，他和你过去遇到的某一个自己不喜欢的人有相似之处。在过去当你遇到一个自己不喜欢的人时，你可能会选择逃避，不去面对。但是这一次你要把这个人当作一个必须面对的人，当作一个必须解决的问题。因为这类人以后一定不会从我们的生活中消失，有可能你一转身，就会再次遇到这类人。如果这一类人是和你不相关的路人甲，你可以选择视而不见。但是万一他和你的生活有着紧密的联系呢？如果他是你的上司呢？或是你一个重要项目的合作伙伴呢？甚至是你另一半的至亲呢？这就由不得你选择了。不过你还有一个选择，那就是面对他。面对这个人的时候，要同时假定自己内心已经有了足够的能量。这个时候你就会发现，结果往往是出人意料的。在你和他交往的过程中，你会找出你不喜欢他的原因，你会发现他代表了谁，如此一来，你将获得成长。那么反过来，他就成了一个帮助你成长的人，是你的贵人。虽然，整个过程有可能会让你产生不好的体验，但是，不良的体验也是一种难得的体验，对吧？"

说到这里，众人都笑了起来。

活动结束之后，陈逸芸中午没有休息，而是窝在房间里做作业。这作业并不是李承轩布置的，她只是习惯了在每次的活动结束之后做作业。她觉得做作业既是一个总结的过程，又是一个梳理的过程，很有意义。

她按照自己的感觉，把工作坊里所有的成员分成三类：第一类是自己觉得喜欢的，想要亲近的；第二类是自己见了之后没有什么特别感觉的；第三类是自己见了之后会觉得不舒服的。

结果第一类的人有 8 个，第二类的人特别多，有 2/3，第三类的只有 3 个，其中就包括了那个女人。她现在知道了她的名字，叫林淑玲。

分好类之后，她拿出李承轩发给她的纸，开始回想林淑玲的模样，并把她画在纸上，写上姓名。然后，她拿上这张画出了房间，到外面找了一个干净的地方坐下来。

坐下来之后，她把画摆在自己的面前，就像是林淑玲正坐在自己的对面一样，然后她很认真地说："林淑玲，我确信我没有见过你，但是不知道为什么见了你之后，我就会产生不舒服的感觉。我在画画的时候，曾认真地想过原因，然后我总结了一下我不喜欢你是因为你和曾经的我是那么相似。比如都是一副楚楚可怜的样子，很容易就能够得到男士们的照顾。过去，我自己曾经因为渴望被爱，渴望被人关注，总是装出一副楚楚可怜的样子，希望获得更多的爱。

"今天，因为我已经懂得了自己爱自己，也懂得了怎样去获得真正意义上的爱，所以不需要再用过去的手段去获得了。并且，我现在会因为自己曾经用这样的方式而感觉羞愧。因此，当我想通了之后，我知道我并不是不喜欢你，我只是不喜欢过去的自己，不喜欢看到自己过去是那么软弱和依赖。事实上，你就像摆在我面前的一面镜子一样，照出我的过去，让我更加了解自己。接下来的日子，我想我不会再讨厌你了，因为讨厌你就等于是不接纳过去的自己，这样对成长是不利的。

"所以，谢谢你，林淑玲。也许你永远都不会知道此刻我内心的感觉，不会知道我曾经那么讨厌你，但是你却帮助了我成长。我衷心地感谢你，并且祝你在这次的工作坊中也获得成长。"说完这番话之后，陈逸芸觉得内心像是放下了一块石头一般舒坦，于是她回到房间躺了下来，美美地睡了一觉。

下午上课的时候，她主动过去和林淑玲打招呼并介绍自己。这时她才发现，其实她是一个很优秀的女孩子，表面虽然柔弱，但是内心却非常坚强。了解她多一点之后，陈逸芸发现自己开始喜欢上这个美丽的女孩子了。到课程结束的时候，两个人竟然成了无话不谈的好朋友。

晚饭过后，她再次找到了李承轩。他正在一个清静的小茶馆里喝茶，享受着茶馆里的音乐。

李承轩见到陈逸芸之后，说："我想，你的问题已经解决了吧？"

陈逸芸笑着说："你还真是料事如神啊。我今天中午花了一点时间，做了几件事情。"

然后，她把事情的经过一五一十地告诉了李承轩。当李承轩听到她对着画像说话之后，一脸惊奇地看着她，并向她竖起了大拇指。陈逸芸没有想到李承轩有这样的反应，不由得十分惊喜。

李承轩说："你这种方法应用得好啊。在这个过程中，你通过模拟一个现场，重新调整了自己的认知，并很快找到了问题所在，实在很不错。而且你刚才要说的那些话，对着真人的时候，还真的未必说得出来。因为真人站在你的面前，你就要顾虑她听了你的话之后的感受，这样一来你就没有办法淋漓尽致地表达了，效果就会有所偏差。很好，你用自己的办法解决了自己的问题，我觉得非常开心，我就说你很有做治疗师的天赋嘛。"

陈逸芸听了之后，开心地笑了起来，说："说不定有一天真的就加入这个行列了。"

李承轩说："你找到了讨厌她的原因，那找到了喜欢她的原因没有？"

陈逸芸说："找到了啊。她聪明、坚强、独立、有爱心。"

李承轩说："这些优点，好像你也有吧？"说完之后，他端起茶杯喝了一口，又神秘地笑了一下。

陈逸芸看到他那笑容，有些困惑，然后突然恍然大悟："是了，喜欢一个人，可能正是因为她的身上有自己的特质啊。"

李承轩大笑，说："孺子可教也。不错，正是如此。不管你是喜欢一个人，还是不喜欢一个人，他的身上都可能存在着与你共同的某些特质。"

陈逸芸说："除了显现自己的特质以外，有没有不显现自己特质的例子？"

李承轩说："有啊。有可能对方显现的是你喜欢的那个人的特质，所以你也会喜欢她。比如她像你的母亲，你会觉得她亲切。但是如果你的母亲给你的感觉是不喜欢的，那么如果她像你的母亲的话，你就不会喜欢她啦。"

陈逸芸说："这次的工作坊，一边旅游一边成长，还找到了生命中的贵人，真是超值。"

李承轩说："那下次要多多参加这类的心灵成长课程，久而久之，你就会变成心灵成长大富翁啦。"

说完这句话之后，两个人不由得相视大笑起来。

六个人一张床

讲台上，李承轩正在就现代婚姻侃侃而谈，这是一家婚姻家庭杂志邀请他来讲的。台下数百名观众听得津津有味，包括陈逸芸。

现代社会中，随着离婚率不断增高，越来越多的人表示婚姻很难经营，两个人的亲密关系越来越难维系，这是为什么呢？这是因为现代人的价值观和过去已经完全不同。以前的婚姻价值观是单一的，但是现在，随着社会的进步，人们生活的多元化，婚姻价值观连带也发生了变化。

根据过去的社会文化，出轨是绝对不允许的，不单会遭到相关的惩治，还会遭到道德无情的谴责。而在现代社会，婚外恋时有发生，甚至在有些人的观念中，已经被视作正常行为。这和过去人们的价值观是完全相悖的，也说明现代人的婚姻价值观出现了质的变化，已是不争的事实。

通常夫妻之间吵架，会说因为性格不合。性格到底是什么？性格就是我们传统观念中所言的个性，个性的核心就是我们的态度，即我们对待自己的态度和我们对待自己与他人关系的态度。也就是说，性格不合其实就是在对待某一件事情上彼此的态度无法取得一致。

例如在教育孩子的态度上，如果先生认为"应该教育孩子具有正义感和道德感"，而太太却认为"正义感和道德感教育不重要，只要他有好成绩，以后找份好工作，能赚大钱就行"，两者的价值观就没有得到统一，冲突是必然的。

除了价值观冲突之外，还有家庭文化的冲突。什么是家庭文化冲突呢？通常我们会看到在每个家庭里面都有一种行为模式，比如甲家庭里是妻子主导的，乙家庭是以丈夫为主导的。那么这两个家庭中长大的孩子，在性格方面肯定有所不同。他们的性格中，各自会带着原生家庭生活模式的影子，而且这种模式将会被他运用到自己的新家庭中，因此，这种模式被不断地循环再用，这就是家庭文化。家庭文化也等于是血统，是可以在无形中被传承的。

又如有两个年轻人，恋爱的时候感情挺好的，但是结婚之后就开始不断吵架，为什么？因为彼此之间的观念产生了冲突。在男孩的原生家庭里，家务活由妻子全部承担，但是在女孩的原生家庭中，家务活却是由丈夫全部承担的。他们把各自的原生家庭的生活习惯带到新的家庭中，就很容易起冲突。因为在各自的潜意识中早就默认了那样的模式，当这个模式要发生改变的时候，一定会有不适应的过程。表面看是两个年轻人发生了冲突，其实是两个家庭文化产生了冲突，他们都在维护自己原生家庭的模式。

一个人对自我认同的态度，通常受到家庭文化的影响。由于每个人的家庭动力不同，或是家族动力不同，自我认同的态度也会有所不同。如果夫妻双方对对方的原生家庭不够了解，或者是无法接受，那么，也是产生冲突的根源。

有一对夫妇因为争吵产生了离婚的念头，但是又觉得舍不得，于是决定找婚姻家庭指导师咨询，看是否有挽回的余地。

争吵的起因很简单，先生执意要回老家建一栋房子。事实上他们已经在城里安家多年，有了属于自己的房子，回老家居住已经是不可能的。虽然父母还在老家居住，但是他们年事已高，太太已经打算接他们过来一起生活。因此认为这样做很没有必要，建了房子到时候没人住，等于浪费钱。但是丈夫对建房子的事情十分坚持，太太对他的坚持无法理解？

他们找到咨询师时，咨询师用文化治疗理念处理这个案例，追溯家庭文化根源直至祖父辈，发现先生出生在一个贫穷的家庭，其他的家族成员都瞧不起他们一家人。因此，这个家庭是一个低自尊的家庭，也就是说这个家庭在家族中的地位是比较低下的，那么，在这样的家庭中成长的孩子，多数是低自尊人格，通常拥有自卑心理。但是这样的孩子往往有出人头地的欲望，通常在成年之后会很努力，并能成功。因为这种人的身上往往有一种原始动力，这个动力来源于他的家族。成功的实现，其实是为了整个家族做的，这可以用两个词语来说明，那就是衣锦还乡和光宗耀祖。

所以，建造房子其实是在建造自己的自尊，房子是否住人，那不是最关键的，因为房子不过是一个象征。最关键的是，他终于完成了家族的愿望，出人头地了，家族的地位会因此而得到提升，他可以告慰祖先的在天之灵。房子的另一层作用，就是可以消除他内在的自卑感，重新建立更多的自信。

当太太完全了解了先生的家族情况之后，她不禁眼眶含泪，终于明白先生因何而坚持了。过去由于不了解这些，所以无法理解丈夫的行为，因此才产生严重的分歧，最后差点导致离婚。想到这里，太太忍不住和自己的先生抱头痛哭。在接下来的日子，太太开始主动张罗建房子的事情，最终帮助先生完成了自己的愿望。

通过这个案例可以看到，家庭文化对一个人的影响是多么重大，并且直接影响着他日后组建的家庭。

两个人在一起组成了一个新家庭，表面上看是两个人的事情，实际上并不是那么简单。他们是带着自己的家族文化和对方一起生活的。因此只有彼此了解之后才能彼此理解，彼此理解之后才有可能彼此接纳。当彼此接纳之后，对方原生家庭的家庭文化就不会成为新家庭的障碍。

如果你对你先生的家族史还不是很了解，那么你有这个义务去了解。因为不只是你，以后你的孩子也会生活在这个家族当中，成为其中的一员。问题如果在你这一代没有得到解决，彼此的文化没有整合，那么对孩子的成长是很不利的。孩子如果成长在一个和谐的家庭文化里边，他们不会因为自己要偏袒哪一方而苦恼，也不会在不得不做出选择之后自责内疚。无论父母怎样对待孩子，只要他们是一致的，哪怕一致的惩罚方式，孩子都能理解和接受。少了内心冲突，更利于孩子的心理健康成长。

听完李承轩这场讲座，陈逸芸也萌发了了解自己家族的念头。于是，她按照李承轩所说的方法，画出了自己的 7 个家庭，分别是她成长的家、妈妈成长的家、爸爸成长的家、爷爷成长的家、奶奶成长的家、外公成长的家、外婆生长的家。

在画画之前，她才知道自己对于家族的历史了解得非常少，于是一有空就拉着父母，让他们讲自己生长的家庭和他们了解到的祖辈生长的家庭。看到她神秘兮兮的样子，父母都觉得一头雾水，却敌不过她的纠缠，终是说了给她听。画画的时候，她就凭着听来的资料加上自己的理解去构图。

她画画之前做那么多的工作，无非是希望通过了解自己的家庭文化能更多地了解自己。画完之后她才发现，其实一个新家庭的组建远远不是表面看到的那样简单。从表面看来，新家庭无非就是两个单身的男女结合在一起，脱离了自己的原生家庭，开始新的生活。但是通过这些画，就会发觉，其实共同生活的，并不止是两个年轻人。事实上，他们的祖辈也和他们一起生活在同一个家庭里，他们隐含在家庭文化里被两个年轻人从原生家庭带进了新家庭中。直到这个时候，陈逸芸才明白李承轩说的六个人一张床的意思。

想到这里，陈逸芸觉得很奇妙，同时又觉得可怕。自己经历过三次失败的婚姻，最早以为是个性不合的原因导致婚姻破裂，接受心理咨询之后，终于明白这是由于自己内在小孩还没有完全成长所造成的。到了现在她才知道，事实上婚姻的破裂和一直隐秘地生活在他们家庭中的几个老人家有关。虽然这些老人没有直接地在他们夫妻之间挑拨离间，但是看不见的伎俩更加可怕。

晚上，她翻阅相关的心理学书籍时发现一个相关的案例，使她很受启发。

某个家庭中有两个孩子，女孩 11 岁，男孩 9 岁。父亲是石油公司的高级技术人员，经常去中东出差，母亲是家庭主妇，外公外婆和他们一起生活。每当父母有争执的时候，外公外婆就会参与，指责父亲。

孩子在家庭战事中通常充当夹心饼干的角色，她不知道自己的父亲是否真的像妈妈和外婆说的那样不好，她内心觉得父亲母亲一样好，但是和母亲在一起的时候，她不敢表达，怕母亲生气。同时，听到她说父亲不好的时候，她也默认了。这让她对父亲产生了自责。

有一天父亲回到家之后，听见女儿在外面大叫了一声，急忙跑出去看，发现女儿在玩耍时不小心掉进了水塘里，于是他下去把女儿救了上来。之后，孩子出现了半边身体瘫痪的症状，为此父母很着急，去各大医院检查，却没有发现任何疾病。有医生建议转诊心理科，于是他们带着孩子找了一个有名气的心理医生。

医生了解他们的家庭模式之后，提出 3 点建议：

第一点，请老人家退出这个家庭的董事会，这不是说让他们脱离这个家庭，而是他们继续留在这个家庭中生活，他们可以爱这个家庭，帮助这个家庭，但是没有这个家庭的经营权和管理权。这个建议征得了老人们的同意，在未来的几个月内他们对家庭事务，均不再做出任何评价。

第二点，心理医生告诉这对夫妻，他们的蜜月期虽然过去了，但是可以创造第二蜜月期、第三蜜月期。只有这样，夫妻的感情才能一直维持。随着家庭结构的变化、孩子的成长，可以重新调整自己的心态，重新开始一种新的恋爱模式，重新思考自己的婚姻和两个人的感情，这就是第二蜜月期的重建。

第三点，让夫妻双方分别单独照顾女儿一周，然后每个星期在交接的时候开家庭会议，谈一谈在照顾女儿的过程当中自己的感受。

第一次的家庭会议中，父母双方都提到相同的观点，就是照顾小孩子很辛苦、很麻烦、很累。小女孩终于发现了父母统一观点的时候，发现他们可以说一样的话，有一样的态度。在父母对待家庭，对待孩子，对待对方的态度不断统一的时候，孩子的内心不再有内疚和冲突了。治疗到第 11 个月的时候，这个孩子终于恢复正常。最后，父亲辞去了石油公司的工作，用一年的时间带着家人一起去旅行，这一年时间里，他们建立了新的家庭模式，夫妻的关系回到正常轨道，孩子的心理健康明显好转。

这是一个典型的癔症案例，事实上是那个内心有自责和内疚的小孩通过自己的身体来表达希望这个家庭和好的愿望。因为病了之后，父母会共同照顾自己，一起爱自己，不再分裂和争吵。

看到这个案例之后，陈逸芸想起自己小时候经常发烧的事情。那时候父母亲的关系也比较紧张，估计自己也是出于这个原因，呈现出躯体化的症状。结合自己的实际情况，她对于躯体化症状有了更加深入的了解。

她仔细地回忆自己的女儿晓媛的成长过程，虽然不曾发现有很明显的躯体化症状，但是在晓媛刚给母亲带的时候，十分娇气，动不动就哭，让陈逸芸曾经十分烦恼。那时，母亲因为疼惜晓媛从小就与父母分离，对她简直千依百顺。只要是她提出的要求，不管合理还是不合理，母亲都会尽量去满足孩子。陈逸芸觉得母亲的这个教育方法对孩子并无益处，于是，每当遇到这种情况都会当面训斥晓媛，希望纠正她的行为。

陈母如果在场，立刻就会流露出偏袒的神色，晓媛虽然小，但是已经很懂得察言观色，知道外婆是向着自己的，于是马上就会跑到外婆身边大哭。陈母见状心痛，就埋怨陈逸芸不近情理。就这样，陈母变成了晓媛的保护伞。

后来，陈逸芸为了此事特意开了一个家庭会议，跟母亲表明自己的教育理念，并提出，如果大家的观点不能统一，那么晓媛以后将跟自己生活。

在那次的例会上，陈逸芸得到了陈父的大力支持，陈母见到自己的丈夫和女儿说的也不无道理，于是逐渐地改变了对晓媛千依百顺的态度。晓媛也慢慢地变得更加懂事了，并且相对独立起来了。

由此看来，让老人家过多地参与家庭事务并不是一件很好的事情。最好的做法是让老成员退居二线，而接纳新的成员，也就是说让孩子逐渐地参与进来。孩子其实也应该被视作家庭成员之一，可惜很多家庭都做不到，包括自己。或许，自己以后可以改变这种模式。

两个对我恩重如山的人

周三，活动开始之后，庄令扬说："应在场很多儿媳妇的要求，我们本周进行一个贴近生活的主题，讨论一下怎么处理好家庭里面的婆媳关系。大家都知道，婆媳关系已经是千年的话题，但是却一直得不到解决，这是为什么呢？有哪位成员愿意先来分享一下自己的故事？"

此时，只见晓芳已经迫不及待地把手举了起来，庄令扬于是让她讲述自己的故事。

"前几年，我的孩子刚出生时，婆婆来住了一段时间。因为新老观念的差异，我们和婆婆之间就有很多意见不一致的地方。这些不同表现在各类生活小事中，比如带孩子方面，还有家务该男人做还是女人做。婆婆很爱我先生，我先生还小的时候，她不让他做任何的家务，哪怕是他力所能及的。但是在我们家里，家务是约定共同分担的。

"孩子出世之后，因为我要照顾孩子，所以先生就做得多一些。婆婆这个时候心疼了，开始说我不爱惜自己的先生，使唤他。其实，我先生对做家务是没有任何意见的。一开始成立家庭的时候，虽然他对于做家务很不习惯，也不懂，但是慢慢地，他在帮我做家务的过程中，也觉得自己既然成了家庭的一分子，那么承担家务也是很应该的，于是逐渐主动承担了一部分家务，并且成了我们之间不成文的约定。

可是婆婆就是看不惯，私底下跟先生说了好几回，让他别做了，给我做。我当时真是委屈啊，自己要带孩子，哪里有那么多闲工夫做家务呢？而且先生本来就是出于自愿的嘛。她不称赞自己的孩子结婚之后变得有责任心，倒怪我这个媳妇不懂做人。

"为了不使先生觉得为难，我把委屈都装进了肚子里，装作无所谓的样子，结果过了不久，我患了中度抑郁，开始和先生过不去。婆婆没来之前，我们之间相处挺融洽，关系一直非常好。她来了虽然没多久，却把家里搞得乌烟瘴气。我那个气呀，心里直恨她，于是渐渐开始用语言顶撞、反驳她了。

"先生觉得我不应该这样，有什么事情应该好好商量，而不应该似泼妇骂街一样的蛮不讲理。于是我就跟他讲道理，我说就算按照家乡的风俗，家务活也不完全是女人一个人的事情，夫妻双方都有共同承担的责任。更何况我本身也是一个职业女性，不是专职的家庭主妇。既然我共同承担家里的经济，你为什么不能共同承担家里的家务活呢？

"先生听了之后，认为我这样说也是有道理的，于是把这个观点转达给婆婆。也许是因为沟通的时候没有注意好，说出来的话让婆婆感觉他是娶了媳妇忘了娘，于是直骂我不好，把她的儿子给带坏了，才结婚一年，就不认她了。然后她提出要回老家，说什么也留不住。"

晓芳说到这里，无奈地笑了一下，然后继续说道："每年到了春节，我们都会回老家过年。回到老家的时候，可能因为爱屋及乌，她对我倒也没有什么不好的地方。也许是经过时间的冲刷，她觉得她对我的那种隔阂已经消失了。平时我也会寄些东西回去给她，也许因为这样，她对我改变了看法，于是关系慢慢好起来。

"后来，随着三弟媳妇进门，她又觉得三弟媳好，我不好了。因为三弟媳在家里什么都做，什么都不用弟弟做，简直就跟她对待她儿子的模式一样。于是她逢人就说三弟媳怎么好，还专门挑我在场的时候说，弄得我很尴尬。我先生有时候看不下去说了她，她就哭。本来很好的关系后来又闹得挺僵的。

"过了两年，我们每年都接她过来住一段时间，一来是尽孝心，二来是希望她多感受城里的文化氛围，好改变过去旧的观念，和我们两个年轻人好好相处。经过几年的时间，她还真的把观念改变过来了，她自己还做了一个很有意思的分类，她把我归为知识女性类，把三弟媳归为农村的持家女性。她说知识女性因为要工作，要养家糊口，所以少做一点家务是正常的，而家庭主妇因为不用参与养家糊口这件大事，所以应该承担所有的家务。不管怎么样，她把我们分类之后，还真的不再纠缠谁做家务的问题了。现在我们相处得挺融洽，我算是苦尽甘来了。"

说完，晓芳不由得用手抹抹眼角，拭去即将流出的眼泪。

众人听完她的分享，都不由自主给她热烈的掌声。

沉默了一会儿，刘伟也说道："刚才我们听了一个成功的个案，现在我想谈一个失败的个案。这是我的亲身经历。我先谈谈我的第一个女朋友，我们在一起生活了一年，当时没有和父母一起住。我们有自己的生活方式，过得很开心。但是后来因为母亲身体不好，需要照顾，于是我们搬回去和他们一起生活。搬回去之后，这种和谐就被打破了。我女朋友的性格比较要强，我母亲的性格也差不多，两个人相处没多久就产生了矛盾。刚开始的时候，我还很有耐心地充当和事佬的角色，但是我慢慢地发现，和事佬很难做。一边是自己的母亲，一边是自己心爱的女人，手心是肉，手背也是肉，叫我帮谁好呢？偏袒哪一方都会让我心里过意不去。

"几经权衡，我产生了这样的一种观念——父母生下自己之后将自己抚养成人，吃了不少苦，受了不少累，自己应该好好地报答他们。而且他们现在年纪都大了，还能在世上活几年都不知道，而我和女朋友还年轻，这段时间我先亏待她，以后再加倍补偿。因为这样的观念，我慢慢偏袒我父母这一边，我的女朋友当然受不了，他们之间的关系恶化到无法挽救的地步。于是我们又搬出去住了。我原本以为搬出去之后就万事大吉了，但是后来又产生了一个新的矛盾，就是我的父母盼望着我时常回家去看看他们，而我的女朋友却希望我长期陪伴在她身边，不希望我离开。就这样，直到我后来再也受不了，放弃了这段感情。

"现在我又开始了一段新感情，现任女朋友的自身条件很优越，生活方式和我们格格不入，包括我自己也很难融入她的生活方式，更不要说我的父母了。于是父母经常会在我的面前评价她，说她这样那样不好，搅得我心里很烦，现在又想要放弃了。我就觉得一个家庭里面，如果婆媳关系不好，那个儿子是全世界最悲惨的人了。"

听了他的故事之后，陈逸芸觉得这个人又可怜，又可恨。可怜的是他现在遭受着巨大的心理痛苦，可恨的是他只懂得逃避，而不懂得去寻找一个更好的方式来解决问题。

庄令扬说："听了刘伟的故事之后，大家有什么感受？"

陈逸芸说："这个实际上是有一个家庭的关系模式文化认知或价值观冲突的问题，以生活方式冲突的模式表现了出来。冲突就是不接纳，不接纳对方的价值观或是文化模式，表现出来就是不接纳一个人。这是什么原因呢？那是因为在背后支持我们的是某种价值观念，而不是某种行为，价值观念导致的行为就是意识形态的问题，而不是具体做什么的事情。这时候的意识形态是什么呢？那就是老人家认为，你进了我们这个家，你要接受我们这一套。而不是认为，你进我们这个家，你的行为模式我们要接受。"

美心说："其实我觉得在爱情关系里面，生活方式越多样越幸福，为什么这样说呢？不一样才有意思，才丰富多彩。就好像两个人玩把戏一样的，我会的你不会，你会的我不会，才有新鲜感，才有看头。为什么非要一样呢？"

蕙兰说："根据我的理解，我们中国人是在儒家文化的熏陶下生长的，儒家主张的'仁爱'是一种有差等的爱，其中'亲亲'之爱最真实，最浓厚。也就是说，爱的产生以血缘为基础。父母是有血缘的，妻子是没有血缘的，从另一个角度来说，是外人。因此在家庭纠纷中，往往很容易被长辈在意识上排除在外。你要想不被排除在外，唯有遵从这个家庭的规则，成为其中的一员。你不愿意遵从，那么她永远都不会把你当成自己人。"

晓芳说："这实际上就是新旧两代女主人为了争权夺位而产生的相互博弈的过程，这是一种内心的博弈用行为方式表达出来。有这样一句话，苦媳妇熬成婆，好了伤疤忘了痛。婆婆当年做媳妇的时候，也是这样过来的。她自己当年深受婆媳之战的苦，可是当她熬成婆婆后并没有体恤做媳妇的处境，好好待她，避免让她遭受自己当年的苦，而往往还是以家庭女主人的身份来对待她。这应该是一种潜在的报复行为，未必是针对媳妇的，但是却通过婆媳关系表现出来了。"

庄令扬说："你们说的都很有道理，这其实就是一种心理博弈的过程。为什么会出现这种心理博弈现象呢？现在的中国人在成长的过程中从不举行成人仪式。因为缺少了这个仪式，父母在心理上和孩子并没有告别。他们没觉得你长大了，而是无论你长到多大，30 岁，40 岁，还是 50 岁，在他们的面前，你都是一个孩子，在心理上，他们没有把你当作成人。古代的冠笄之礼是我国汉民族传统的成人仪礼，是汉民族重要的人文遗产，它对个体成员成长的激励和鼓舞作用非常之大。华夏先祖对冠礼非常重视，所谓'冠者，礼之始也'。成人仪式举行过后，就表示他已经长大了，独立了，有承担责任的能力了，父母便不再负责管教他约束他了。现代，因为缺少这样的一个仪式，让父母对孩子成长的认知不明确，于是关系就很容易出现混乱。

"一个男人的成长必须经过三段路程：第一段路程，未成年，母亲陪伴自己成长。这个时候他和母亲的关系是亲密依恋的关系，也就是说他可以用亲昵的动作来表达对母亲的爱，并且不会受到别人的嘲笑。

"第二段是成年之后，经营自己的恋爱婚姻，此时，他会有自己的家庭，母亲已经不是主要的陪伴对象。亲密依恋模式也转换成亲情依恋模式。而这个时候是一个关键期，也就是说，他把原本属于母亲的亲密依恋转交给妻子，这个交接工作如果没有做好，对于处理婆媳关系就完全没有帮助。曾经有过这样一个案例，在某个边远的农村，一个男人结婚之后，他妈妈还把儿子拉到自己的屋里睡，不让他和媳妇在一起。为什么会这样？就是没有通过一个形式来告诉她，她对儿子的照顾工作已经结束了。这就像工作岗位的交接过程，一定要互相交代清楚，弄清责任的归属。

"第三段是成婚之后，三个人互相陪伴的过程。所以我建议在订婚或是结婚仪式上，做媳妇的最好给婆婆写一封感谢信，并且当着众亲友的面，读给婆婆听。感谢她辛辛苦苦养育了这样一个优秀的男子来陪伴你，照顾你，感谢她为你的孩子培育了一位好的家长，让他今天有能力去抚养将来的孩子，感谢她的接纳，让你成为家族中的一员。有了这样的仪式之后，做母亲的内心再有不舍，也会默许。并且这个仪式等于是直接宣告婆婆从儿子的家庭中正式隐退，媳妇从此成为儿子家庭的新女主人，这是一种心理上的隐退，并无须通过具体形式表现。最好婆婆也写一封表示接纳媳妇的信。两封信都写完之后，保证那个男人会过得很幸福，一定不会觉得夹在这两个女人之中是受夹板气。"

刘伟问："这个时候，男人什么都不用做吗？"

庄令扬笑着说："这个时候你要做的事情就是站出来说：感谢这

两个对我恩重如山的女人，她们一个陪伴我成长，一个陪伴我未来前行。感谢你们，你们都辛苦了！"话音刚落，众人哄堂大笑。

庄令扬说："你们别小看这两三句话啊，这可起着至关重要的作用呢。鉴于每个人家庭文化、教育背景、人生经历的不同，还有一个关键是个人的微妙心理要得到满足。这个微妙心理就是一个人在另一个人心中的比重。所以让男人做出这个表达，说明她们两个对自己同样重要，媳妇会因为知道自己的地位和婆婆一样重要而得到满足，婆婆也会因为自己还保存着地位而不觉得失落。"

晓芳说："看起来婆媳关系也是一门高深的学问啊。说实在的我现在就算能够和我婆婆相处得好，也是因为大家互相迁就。今天我才真正明白，要真正发自内心地彼此接纳，还是要做很多工作的。"

晓芳这句话让陈逸芸想到了何敏华，前几天，她就因为自己的婆婆对她有成见而向她大倒苦水。一边埋怨丈夫不支持她，一边又埋怨婆婆不愿意改变过去的观念。如果，她今天能够参加这个讨论会，也许就不会这样想了吧？也许，自己应该找个时间和她分享一下这个讨论会的内容，向她转述各个成员不同的观点，说不定对她解决当前的问题有点启发。

4

第四编

家族的梦

不要期望太阳像你希望的一样升起

　　何敏华知道陈逸芸也很喜欢旅游，于是告诉她自己打算在十一长假期间去山东泰安，问她有没有兴趣一起去。陈逸芸一听便兴致勃勃地答应了下来，本来还想约上林凤的，但是因为她长假要陪先生回乡下探望婆婆，不能和她们一起去旅行。

　　10月1日，她们辗转到济南已经是早上九点多钟，因为放长假，到处人山人海。于是两个人分工合作。何敏华的个头矮小一点，容易钻空子，负责买票。陈逸芸留下来看着行李。

　　何敏华把车票买到的时候，已经累得气喘吁吁，她说："唉，简直就像打仗。"

　　她们乘坐的是开往乌鲁木齐的列车，全程几十个小时。车上没有空调，车厢中人头攒动，空气中混杂着各种味道。耳边还不时传来小贩的叫卖声、孩子的哭闹声，简直就像一锅沸腾的粥。

　　陈逸芸站在过道的中间，前后都挤满了人。她庆幸自己很快就可以下车了，同时也很佩服那些乘客，自己才上来没有一会儿就已经受不了了，真难为这些人在这样的环境下要度过几十个小时。

　　看看车厢内的乘客，他们像是已经完全适应了这个漫长的旅途，所以尽管周围的情况杂乱，他们却依然神态安详，打牌的打牌，睡觉的睡觉，闲聊的闲聊，谁也没有闲着。

列车很快就到了泰安站，她和何敏华扛着行李，随着人流下了火车。

在来之前，陈逸芸曾上网查找过泰山的相关资料。此刻来到山脚下，才真正明了"泰"的含义。"泰"意为极大、通畅、安宁。此刻看到群山起伏、山岚更迭，才真正领略到五岳之首的风采。

正在走神的当儿，何敏华已经递过来一根拐杖。陈逸芸问："我们拿这东西干吗？"

何敏华说："登山的时候，你就知道这个是拿来干吗的啦。喏，看看那些下山的人。"

陈逸芸扭头一看，那些三五成群的下山游客，几乎每个人的手中，都拿着一根拐杖。当他们步行的时候，脸上都带着复杂的表情，似疲惫，却满足。

陈逸芸看在眼里，跟何敏华说："看起来，登泰山不是一件容易的事情。"

何敏华说："可不是。"

陈逸芸下意识地掂了掂手中的拐杖，一面觉得滑稽，一面又觉得以前自己认为只有老人才需要拐杖的想法太绝对化了。通过这一次，她总算明白在不同的环境之下，人们会有不同的需要。

登山的行程从岱庙出发，在此之前已经听说山底有班车直接去中天门，然后在中天门可以坐缆车上到山顶。尽管知道岱庙到中天门这一段路程非常远，沿途也没有什么可观的风景，但是两个人都觉得，既然这次是来登泰山看日出的，那么登山看日出就是最大的目的。所以，无论怎么艰难，都要试一试。于是两个人精神抖擞地出发了。

现在是旅游旺季，这段时间又是登泰山看日出最好的季节，所以一路上游客络绎不绝。一路上，她看到很多不同年龄层次的人，有充满朝气的小伙子，有花甲老人，甚至还有一对夫妇带着刚刚蹒跚学步的孩子也来凑热闹。

徒步从岱庙到中天门需要四五个小时的路程，两人一路走走停停，虽然觉得疲惫，却依然坚持着往前走。为了保持体力，两个人很少说话。

陈逸芸一边爬山，一边欣赏着沿途的风景。腿部肌肉因为过度运动而绷得紧紧的，她在停下来喝水的时候，回头望望落在自己后面5个石阶的何敏华，只见她埋头向上攀登，完全没有留意到她已经停了下来。

突然，陈逸芸的心中升起一个恶作剧的念头，于是她一声不吭地站在原地不动。果然，没过多久，来到她面前的何敏华一下子撞到她的身上，何敏华吓了一大跳，猛然抬起头来。

陈逸芸看到她那愕然的表情，不由得放声大笑起来。这一笑，把身上的疲惫感驱散了不少。

何敏华说："都不知道还要多久才能到中天门，我累死了，我们停下来歇会儿吧，喝点水，恢复一下体力。"

陈逸芸听了她的话之后，顺势在石阶上坐了下来，两人不由自主都发出一声满足的叹息。

何敏华说："你说我们这是在干吗，放着好好的缆车不坐，非要逞英雄从山底开始爬山，把自己累得半死，简直就是遭罪。"

陈逸芸说："话虽如此，但是我们总算是一步一步登上泰山的，这份感受，那些坐缆车到达的人是没有的。"

这个时候，不断有人从身边走过，看到她们这样坐着，都不禁友善地笑了起来。这时候，有一个十来岁的小朋友上来了，陈逸芸看着他，这个小家伙显然把他的父母给抛在后面了，她对他笑了笑，说："加油啊，小朋友。"

小朋友望了她一眼，不好意思地快步从她身边走过去了，何敏华看到之后，笑了起来，对陈逸芸说："真是后生可畏啊，我们都老啦。"

陈逸芸说："我们的身体是开始老了，但是我们的心却年轻着呢。"

何敏华说："这句话说得不错，就冲你这句话，说什么我们也得登上山顶。"

陈逸芸说："可不是。走，我们继续。"

重新上路之后，两个人一路上说说笑笑，徒步显得没有那么困难了，终于在两个小时之后，到达了中天门。

站在中天门，陈逸芸极目四望，眼前一片苍翠，群山若隐若现地夹在一片树林间。

陈逸芸说："这个时候，我想起了一句诗。"

何敏华说："喂，让我想想，一定是诗圣杜甫的'会当凌绝顶，一览众山小'。"陈逸芸听到之后，笑了起来，大赞何敏华聪明。

此时，何敏华突然指着前面说："看，洋槐花。"

陈逸芸定睛看去，只见前面的洋槐树上，开满了槐花，那一串串的花瓣，正飘逸着香甜的芬芳，把她的思绪一下子带回了童年那一段青涩又快乐的时光中。

她看着那些浅绿色的花瓣，说："4岁开始，我在外婆家住了两年。外婆的家门口就种了两棵洋槐树。每到春天，槐花开放的时候，外婆就会摘些下来，洗干净，做槐花饼给我吃。那个味道，我至今都忘不掉。"

何敏华说："童年的回忆，总是那么美好。瞧，前边有个餐馆，我们去吃一顿好的，把刚才消耗掉的全部补回来。"

两个人来到餐厅坐定，何敏华说："这里也有槐花饼卖啊，咱们点一个试一试，看看是他的手艺好，还是你外婆的手艺好。"

陈逸芸看着何敏华，知道她是想要借此冲淡自己因为往事勾起的忧伤，内心不由觉得一阵温暖，又想起了一句俗语："白头如新，倾盖如故。"虽然这句话用在她和何敏华身上并不那么恰当，但是她们之间的相知相惜，的确是在最近才有的。不管怎么样，人生在世，能够有一个了解自己的知心好友，总是一件幸福的事情。

槐花饼端上桌时，二人早已饥肠辘辘，于是都毫不客气地大快朵颐。陈逸芸咀嚼着久违的美食，只觉满口花香，不禁内心充盈着温暖幸福。

用餐之后，两个人收拾心情，向着十八盘进发。此时，下山的游客变得越来越多。迎面而来的陌生人见到她们上山，总会露出会心的微笑，这种微笑，带着无形的鼓励，让她们觉得突然之间像是多了很多源源不断的动力。

中天门的路渐渐变得陡峭，因为前面3个小时的路程消耗了大量精力，二人都感觉有些累，速度开始放缓，并不时地停下来休息。

坐下来之后，回过头才发现原来自己已经走了不少路程，此时还能隐约见到山底有人上山。陈逸芸坐在一处山口，望着来时的路，就像是在回望自己的这一生。

过去发生在自己身上的一切，也像这些路一样曲折迷离，走的时候也是历尽艰辛。但是当她回首，发现自己已经走在了一些人的前面，又很庆幸，庆幸自己曾经走过这样的路程。正是这样的路程，引领着她不断地向着自己的心迈进。过去的一切，都将成为她宝贵的财富。

进入十八盘之后，山体变得雄伟壮观，处处能够感受到大自然散发出来的宏伟力量，这个时候，她们才发现，原来自己是那么的渺小，微不足道。

此时，身旁一对夫妻引起了她们的注意，这是一对年过八旬的老人。只见他们相互搀扶着，一步一步向前走。通往十八盘的路年轻人尚且觉得艰难，却不见这对八旬老人有丝毫难色。

陈逸芸望着那一双紧紧握在一起的饱经风霜的手，听着那两根拐杖笃笃敲击着地面的声音，一种似羡慕又似感动的情绪从心底油然而生。

她想："到了我 80 岁的时候，谁会陪在我的身边呢？到了我 80 岁的时候，我会不会也有这样的毅力和勇气来攀登泰山呢？"

就这样，走走停停，十八盘很快就走完了。走完之后，才发觉，这路也没有想象中那么艰难和遥远。但也许，当我们用欣赏的眼光来看周围的世界的时候，再艰难的路程也会变得有趣。

晚餐的时候，两个人要了一瓶啤酒，相对喝着，谈着最近自己在生活上遇到的烦恼。陈逸芸听了何敏华的故事之后，想起一句老话"家家有本难念的经"。这个世界，过得不如意的并不是只有自己。

难道因为那些不如意的事情就要怨天尤人，甚至放弃整个生活吗？事实已经证明，如果自己放弃，就会一无所有。相反地，如果现在开始努力，那么一切都还来得及。想到这里，她不由得开始想念远在家中的父母和孩子，此时，她真切地感觉到了自己以前很少有的牵挂之情。

看看何敏华，她刚才因为被勾起了伤心的往事而大哭不止，哭累了，就倒在床上睡着了。陈逸芸过去帮她盖好被子，把灯关了，躺在床上，很快也进入了梦乡。

早上 4 点，朦朦胧胧听到宾馆管理员在叫唤，于是两个人匆匆忙忙地起来，穿上租来的军大衣，急急往山顶进发。由于昨晚的疲惫还没有完全恢复，奔到山顶的时候已经气喘吁吁。站定之后，两个人找了一个地方坐下来，等待着日出。

此时天际依然可以看到一些星星，在朦胧中闪闪烁烁。此时，坐在周围的人渐渐多了起来，他们开始不断地交谈，有些人因担心看不到日出而满怀忧虑，有些人则认为一定可以看到日出，满怀期待。

陈逸芸倒没有觉得这一次前来，如果不能看到日出的话有多么可惜。她觉得，自己能够徒步登上山顶，已经很了不起。于是她静静坐着，等待着，看着天边那一抹深蓝逐渐变得明亮。她全心地享受着这个等待的过程，这个时候，太阳是不是会升起来，好像已经变得不太重要。

她在乎的是在这一个清晨，在泰山之巅，享受着从大自然里释放的气息将自己紧紧包裹的感觉。这个时候，没有世俗的纷争，没有爱恨情仇。这个时候，她觉得自己就是泰山的一部分，就是这个清晨的一部分。她的内心有一种从来都没有过的纯净，仿佛是一面明镜一般，一尘不染。

突然，人群中发出一声欢呼，定睛一看，在遥远的天际，太阳已经隐约可见，此时阳光并不明亮，色彩也不灿烂，甚至带着一点黯然，但是，却分明可以感受到生命萌动的力量。这一刻，人群突然安静了下来，大家都屏气凝神，似乎都被这神奇的自然景观所征服。

看着那已经完全显现在天空中的太阳，她不禁想起刚才担心看不到日出的人。这些人，如果这一次看不到日出，是不是就会整天闷闷不乐，甚至觉得整个行程都没有意义呢？但是，他们却不知道，太阳是不会因为要满足我们的愿望而升起的。也就是说，我们不能要求太阳因为我们的愿望而升起。同样，在我们的生活中，也会发生很多与我们的愿望不相符的事情。比如，她渴望有一个对她很好的男人，一个幸福的家庭，但是当这些愿望还没有实现的时候，难道她就有权利去怨恨这个世界吗？怨恨这个世界，只会让愿望离自己越来越远，相反地，当她能够像今天等待日出一样抱着平常心对待的时候，一切就会变得容易接纳。

人生就像一段旅程，在这段旅程中，你会看到什么样的风景，完全取决于你的心态。过去的自己不懂得这些，不断地在情绪和事件中纠缠，不断地追赶，耗尽了精神，也浪费了时间，但是内心却依然空泛，一无所得。今天，当自己放慢了脚步看着周围的时候，才发现风景一直在自己的眼底，一直在自己的身边。生活和生命一样，都有自己的规律，当我们去漠视这些规律的时候，我们并不能更快地得到我们想要得到的，相反地，会失去得更快、更多。

想到这里，她不由得跟身边的何敏华说："以后，我一定要做到每做一件事情都要问问自己的内心。"

何敏华不解地问："这有什么奥秘吗？"

她神秘地笑了一下，说："这个嘛，以后慢慢地告诉你吧。"

给自己判刑的人

写日记原来是会上瘾的。每天回到家，吃完晚饭，收拾好家务，陈逸芸都迫不及待地一头扎进她的小书房，拿出已经写了厚厚一大本的日记，急切地写下当天的心情。这一天，她回来得有些晚，因为在外面和朋友一起吃了晚饭才回家，但她仍然不知疲倦地拿出日记本写着……

今天，冯京仑打电话给我，说为了感谢上次我帮他的一个忙，一定要请我吃饭。我勉为其难答应了下来。他订了自己公司附近的一个五星级饭店。毕业之后，虽然两个人都在同一个城市，但是平时极少见面。他现在已经是一个事业有成的企业家。虽然不是富可敌国，但起码也是本省数一数二的富人。

外表看来，冯京仑并没有多大的变化，只是把以前开的二手车变成了名牌车，以前的杂牌西装变成了名牌西装。

吃饭期间，他和我谈起最近他投资的一个项目，他问我："这样的项目是否可以做？"

我问："你做这个项目是为了什么？为了挣更多的钱还是为了做一个品牌出来？"

对于他现在经营的公司，我有一些了解，目前为止，他还是以盈利为主要目标，暂时并没有建立起自己的品牌。

他说："我没有考虑这么多，我只是觉得这个项目值得投资，所以就去投资。"

我说："你现在并不缺钱，做事情是不是可以换一个角度了？"

他问："换什么角度？"

我说："过去，你是为了赚钱而投资，现在你是不是可以考虑塑造一个品牌了？"

他说："这有什么不同，都是投资。"

我说："当然不同。打造一个好的品牌是你个人价值的有力体现。况且品牌里面的含义是丰富的，品牌就好似一个人的灵魂，带有自己独特的个性和文化。如果说你过去所做的一切不过是为了得到物质的满足，而现在你何不考虑满足一下自己的精神？从这个角度来看，你不单可以收获物质上的满足，还能获得精神上的满足。"

他说："说得有道理，这个我以前还真的没有想过。我以前想到的就是怎么赚钱，怎么赚更多的钱。而且，我现在闲不下来，一闲下来，我就会觉得发慌。我觉得有钱才有安全感，没钱就什么都不是了。"

我说："你现在出去消费的时候，一般都是来这种地方吗？"

他说："是的，基本上都会找一些所谓高档的地方。"

我说："以前去过的大排档，现在已经不去了吧？"

他说："早就不去了。那个地方设施那么差，而且人员那么杂，哪有这里清静？"

我说："是啊，这里的环境是很好，不过就是太安静了，没有丝毫的人气。大排档虽然嘈杂，却充满着各种各样的色彩。我以前也不喜欢去，但最近我有空的时候，会自己一个人跑去找一个排档坐坐。有时候，甚至会看别人吵架打架看得津津有味。"

冯京仑听了之后，目瞪口呆地看着我，仿佛我是天外来客。我不禁觉得好笑。他问："你去那里干什么？"

我说："我去那里找很久之前遗失了的东西。"

他听了之后，有点不耐烦地说："别卖关子，说，究竟是什么？"

我说："开始的时候，我去那里不过是为了完成治疗师交代的作业。他让我去那里找色彩。后来，我自己觉得那些地方是色彩斑斓的地方。在那里，你可以看到人性最率真的一面，也许这些并不好看，甚至你会觉得丑陋，但是，这些却是最真实的。那些真实，在我们现在坐着的这个地方是看不到的。这里的人都是经过重重的包装之后才来的。"

他撇撇嘴说："你现在说话怎么和得道高人一样？"

我说："我最近参加了一个心灵之旅俱乐部，开始关注自己的内心了。我说的治疗师正是这个俱乐部的导师。"

他说："那些地方我不能去，我觉得很不安全。如果看到有人吵架打架，我第一个就跑了。"

我说："正是因为你放弃了，所以你领略不到其中的意义了。现在我来问你一个问题，当作是一个测试。如果把自行车、公交车、地铁、飞机、私家车各自比作一种颜色，你现在拥有几种颜色？"

他说："私家车和飞机。公交车和地铁很早就不搭了，自行车更别提了。"

我说："你看，你的生活色彩真是少得可怜，地铁和巴士为什么不能坐了呢？这和有钱应该画不上等号吧？"

他说："严格来说是画不上等号的。但是，出门开车已经成为一种习惯了。"

我问："你现在住的别墅多少钱？"

他说："四百多万元。"

我问："以前的二手房什么时候卖掉了？"

他说："卖了有四五年了。"

我问："你现在的房子，住得开心吗？"

他说："有什么开心不开心的，不过就是房子。"

我说："我突然想起了一个故事。"

他问："什么故事？"

我说："话说有一个人死了之后，跪在天国之门，圣彼得打开门，问他有什么愿望。那个有钱人说：'我想要一个可以看到全世界的风景的头等套房，每天都有我喜欢吃的食物，还有当天的报纸。'对于他提出的要求，圣彼得犹豫了一下，但是这个有钱人的愿望非常强烈，一定要圣彼得满足他。于是圣彼得耸耸肩，答应了他的要求，给了他一间头等套房，并且每天送上他喜欢的食物和报纸。第一天送完这些之后，圣彼得对他说：'好了，这就是你想要的，好好享受吧，我们一千年之后再见。'然后他就锁上门离开了。一千年过去之后，圣彼得重新出现在这个有钱人的面前，他刚把门打开，那个有钱人就哭着说：'你终于回来啦！天堂真是太惨了，我要离开这里。'圣彼得听了之后，悲伤地摇摇头说：'你搞错了，其实你选择的是地狱。'"

冯京仑听到这个故事之后，久久没有出声，我想，他的内心一定是起了一些细微的变化。

接下来，我也没有再说过多的话，直到分别之前，他才说："虽然你刚才说的话，一开始的时候我觉得并不那么好听，但是却不能否认，那些话很有道理。刚才和你说的那个项目，我会好好地考虑一下接下来我该怎么进行。的确，我在追求成功的过程中，得到很多，也失去很多。以前我会认为那些失去的，并不是我在乎的。可是我现在想一下，就算我现在拥有的，也并没有使我彻底变得快乐。所以，一个人到底在追求什么呢？得失要怎样衡量呢？我真的要好好思考一下。"

我说："希望你以后能给自己找回那些你曾经放弃的色彩。"

听到冯京仑的生活之后，我联想到一个故事，对于得失有了更深层次的了解。我觉得他就像是一个法官，他判定自己不能住小房子，不能在大排档吃东西，不能在地铁中和别人挤在一起。事实上，这样他就失去了看到生活的另一个形式的机会。他判定自己要住几百万元的房子，判定自己必须在高级的餐厅里进餐，判定自己要穿名牌的服装，开名牌车，并且以为这就是最好的宣判。殊不知这样只能满足他表面的需求，却不能真正地满足他的心灵。所以他说就算现在自己拥有金钱，却也没有感觉自己特别快乐，甚至有一次在乡村度假的时候，他不敢步行500米到镇上去买东西。如果他连接触大地的机会都失去了，那他拥有的东西里，还有什么是值得他骄傲的呢？

生命应该是随意的，生命应该是没有界限的、自由的、五颜六色的。而这些东西从哪里来？这些东西就蕴藏在简单的生活中。

他人一个善意的微笑和问候，或是在某个闹市中闻到的气味，都是生命具体存在的表现。而这一切，如果你判定自己不准接近，那么，你就失去了相关的感受，也就等同于失去生命的一些颜色。

咖啡厅里面的钢琴和街头流浪汉的二胡，同样能够涤荡一个人的心灵，你能判断出哪一个更高贵一些，哪一个更低贱一些吗？

放下笔，陈逸芸轻轻嘘了一口气，现在自己写日记是越来越快了，思维方面也有了很大进步。看周遭发生的事情，似乎看得更加通透了。冯京仑今天会变成这样子的一个人，和他过去的经历是分不开的。冯京仑也有一个不快乐的童年。他的父亲因为是一个倒插门女婿，一直被人看不起。本来他的父亲也是一个很有才华的人，却一生不得志，最后郁郁而终。他自小就是一个很勤奋的人，做什么事情都目的性很强，一心想要出人头地。因为家里穷，所以他很珍惜读书的机会，一直非常刻苦，并靠着奖学金完成了大学的学业。进入社会之后，他先后在几个贸易公司打工，赚足经验之后，自己与人合伙开了一家小型的贸易公司。因为自己的努力，生意越做越大。

　　冯京仑的经历，让陈逸芸想起了前些日子在李承轩的讲座上听到的那个一心想回乡盖房子的男人。他们都是同类人，把家族的荣耀当成了自己的终极奋斗目标。这种人是为了家族而生存的，家族的愿望已经代替了自我。所以，当他完成了愿望，获得了大量的金钱之后，反而过得非常茫然，不知道自己下一步该怎么做了。虽然他自己对此毫不知情，但是作为旁观者，陈逸芸是看在眼里，记在心里。只希望他能够对自己有所察觉，尽快找到自我，过上比现在更有意义的生活。

最后的逃避——自杀

陈逸芸辅导女儿做完作业之后来到客厅，打算陪母亲看电视。

陈母正在看新闻，电视里正报道一个女人跳楼自杀的事件。见到她来了之后，手忙脚乱地想要换台。自从她那次自杀没有成功之后，他们家里从来不讨论死亡和自杀。老人家除了认为不吉利之外，自然是不希望又触及她伤心的回忆。

陈逸芸见状，伸手按住母亲的手，轻声说："没事了，妈，那些事情已经过去了。"

当她看到母亲手忙脚乱想要换台的时候，内心是无比震撼的。她知道，母亲这样做，是怕勾起她那些伤心的回忆。也直到今天，她才明白，其实自己的母亲并不是不关心自己，而是她一直没有表达对自己的爱而已。也许，是因为她根本就不懂得怎么表达对自己的爱。但是她对自己的感情，却蕴藏在生活中的每一个角落里，细微到自己的饮食起居。自己过去一直不能领会，自然是内在小孩还没有完全成长的缘故。今天，当自己的内在小孩变得足够坚强的时候，她已经懂得透过所有发生的现象去查找问题的内在原因。

她坐下来和母亲一起看完那段新闻，主人翁是一个命苦的女人，因为生了一个女儿，不得家人的喜欢，被重男轻女的丈夫抛弃，走投无路的情况下，以自杀结束自己的生命。

陈母说："这么年轻的一个人，怎么就不懂得要独立自强呢？"

陈逸芸说："是啊，生命是多么可贵，而且孩子还那么小，她也忍心？"

两个人沉默了一会儿之后，她说："妈妈，生一个男孩对于一个家族来说真的很重要吗？"

陈母说："在过去，生男孩是很重要的。除了传宗接代的观念之外，儿子还有一个重要的任务是赡养老人。俗话不是说养儿防老嘛，女儿始终是要出嫁的。嫁给别人之后，就是人家的人了，要照顾父母也没有那么方便了。所以赡养老人的任务就得儿子来承担了。"

陈逸芸说："我们家没有男孩，你当年会遭人家看轻吗？"

陈母叹了一口气说："怎么不会？特别是你三婶一下子就生了两个男孩。你的奶奶虽然当面没有说什么，但是背后总是说你父亲命苦，担心他日后老无所依。一开始的时候，我和你父亲也因为这件事闹得不愉快，但是后来觉得，如果命中注定没有儿子，吵个你死我活的又有什么意义呢？唯有接受现实，把你们两姐妹拉扯成人，日后能不能得到你们的照顾，就看命啦。"

陈逸芸听到这里之后，抱着母亲说："我知道我过去做的事情让你觉得很伤心。当时我年少气盛，考虑事情总不周全。你放心，以后我会一直在你们身边陪伴你们的，就像儿子一样。"

陈母说："我现在也看开啦，孩子长大了，有自己的路要走。你们是不是能够一直陪在我的身边，已经不是最重要的了，最重要的是，你和你姐姐都过得好，我就放心了。"

陈逸芸从小到大，还没有和自己的母亲如此交心过，更别说这么直接地表达自己的感情了。过去她想都没有想到有一天能够和自己的母亲这样亲近，这样贴心。过去她一直渴望自己和母亲之间可以变得亲密无间，这时，当她真正地接触到母亲的怀抱之后，梦想成真的美好感觉让她觉得自己现在是全世界最幸福的人。

夜晚，睡觉之前她照旧去女儿的房间看看。晓媛睡觉的时候显然不那么老实，只见她把一双小腿从被子里面伸出来透气。陈逸芸看到她像婴儿一般的睡姿，不禁笑了起来。她帮她盖好被子，并在她的额头轻轻地吻了一下，转身走出房间。

到客厅倒了一杯清水之后，她来到阳台上。橘黄的街灯，静静地守着这个深秋的黑夜，照耀着夜归未眠的人们。街的对面，一家大排档的伙计一边打着哈欠一边收拾着桌凳。对于他们来说今天的工作正式结束了。陈逸芸这么多年第一次感觉到，平凡宁静的生活，其实很美好。

此时想起过去的岁月，想起那些曾经让自己觉得痛不欲生的事情和那段想要结束生命的日子，她感觉那一切是那么遥远，遥远得好像是上辈子发生的事情。

现在，她所有人都不怨，包括自己，她也不怨。她知道，如果没有过去的经历，她也不可能会走到今天，不可能会拥有今天这样宁静的心态。那段属于逃避的日子已经彻底地结束，接下来，她会勇敢地面对自己，面对生活，做一个和过去完全不同的自己。

以前她一直对自己没有信心，对未来充满恐惧，惶惶不可终日。吃饭不香，睡觉不宁，觉得自己是全世界最可怜的女人。过去的种种，就像是一座大山一样，把她压得喘不过气来。她觉得自己就像是被如来佛祖压在五指山下的孙悟空，无法动弹。会选择自杀，也是觉得自己再也没有能力背负了。

这段日子，她觉得自己已经变得越来越强大了，她不再是过去那个逆来顺受的小女孩，她终于长大成人了，她成了一个称职的母亲、孝顺的女儿。她不再逃避自己应该负的责任，并且开始享受责任带来的乐趣。也是在这段日子，她发现原来接纳是很容易的事情。只要遵循自己内心真实的感情，并表达出来。同样地，别人也会因为你的接纳而接纳你。对于生活中发生的一切，她不再欺瞒自己，不再装作看不见，不再为自己的行为找各种理由。

过去所发生的一切，以往让她觉得是致命打击的事情，现在已经变成了一种强大的动力。她知道，这股动力将会鞭策着她向着光明之路不断前行。她从来没有像现在这一刻，如此庆幸自己从那一次自杀中活了下来。这一刻，她内心充满了希望和力量，也充满了感恩。感恩自己的生活，自己的际遇。

正当她为自己现在拥有的生活感到庆幸的时候，又想起何敏华昨天打电话过来告诉她，去年到丽江避世的同学廖映红昨天被发现在她租来的小屋中自杀了。

听到这个消息之后，她难过得说不出话来。廖映红和何敏华一样，是她的同学，虽然两个人并没有深交，但是自己却知道她是一个很有才华的女子。文笔非常好，对写作非常有天分。只要她愿意努力，假以时日一定会有一番成就，想不到她会以这样的方式放弃了自己的生命。

在廖映红去丽江之前，曾经和她们见了一面，她说自己已经厌倦了城市中的各种纷争，想要找一个清静的地方待一段时间，并且希望在这段隐居的生活中重新找到创作的灵感。但是她去了之后，就一直没有回来过。中间彼此联系过几次，她说丽江的生活很适合她，她暂时不会回来了。

陈逸芸曾经担心地问她过得怎么样，她说自己在那里感觉很好，正准备办理离婚事宜，并且说离婚之后，自己就会得到真正的解脱。现在，她是真正得到解脱了，但不是因为离婚，而是因为离开这个世界。

现在，自己的家人就在屋子里酣睡，明天的早晨，就能听到母亲叫自己起床的声音，能享受到女儿给自己的离别的亲吻，这一切，是那么真切，那么美好。

从没有一刻让陈逸芸如此感激，感激自己还活在这个世界，这个自己差一点就抛弃了的世界。

她知道，以后自己不会继续在生活中寻找放弃的理由，而是会努力寻找不放弃的理由。因为生命是一种恩赐，一件宝贵的礼物，既然如此，自己有什么理由要放弃呢？只要它没有自然结束，都应该尊重生命的本意，去享受它，享受它带来的一切，甜的、酸的、辣的、苦的都应该一一尝遍，才不枉成为一个人。

想到这里，她对着遥远的夜空，轻轻举起手中的杯子，喃喃地说："廖映红，一路走好，希望你的选择是没有错的。不过，从今以后，这样的选择将永远不会成为我的选择。"

没有一个人不自信

　　陈逸芸思考再三，还是报名参加了心理咨询师的培训班。在那几个月，她非常认真刻苦地吸收着相关的知识，并且越来越认识到，心理学是一个博大精深的学科。

　　公司知道她学习了心理学之后，任命她为市场部的培训师。除了要协助人力资源部选拔优秀人才，还要承担新老员工的培训工作。培训工作几乎每个月都要进行一次，培训的内容除了传统的建立自信心、加强沟通能力之外，她还增加了一些其他新的内容，她尝试着把自己学到的知识也运用到员工的培训当中。因为她觉得，一个人要真正地成长，不能光是外部行为有所成长，内心也要有所成长，这才是成长的真谛。她希望自己所做的工作是对个人整体有影响，而不是只对个人的工作能力提高产生影响。这样一来，她的工作就充满了挑战，但是也充满了乐趣。

　　在白天的培训中，通过一些小游戏，她跟员工阐述了自信心建立的道理。但刚从学校毕业出来参加工作的陈家豪就表示，自己虽然领悟了自信心是逐步建立的，但对于自己能否很好地建立自信，还是没有把握。

　　于是陈逸芸问他："你觉得你不自信吗？"

陈家豪说："是。"

陈逸芸再问："你觉得你是个不自信的人？"

陈家豪说："是。"

陈逸芸继续问道："你很相信你是一个不自信的人？"

陈家豪虽然一头雾水，但是依然坚持着说："是。"

当陈逸芸再问："你很坚定地认为你是一个不自信的人？"

此时周围的人已经笑成了一片，陈家豪自己也笑着说："是的。"

陈逸芸问："很自信地认为你是一个不自信的人？"

陈家豪这次十分坚决地说："是。"

他刚刚回答完，周围突然安静了下来，陈家豪自己也愣在那里。

陈逸芸说："你看，这个世界哪里有不自信的人呢？就算是你，刚才还说自己是不自信的人，现在回答我的问题时，还是充满了自信的。所以，我们不是没有自信，问题是我们把自信建立在哪里？在自我形成的过程中，有些人把自信建立在肯定自己上面，有些人把自信建立在否定自己上面。"

众人听了她的话之后，不由得发出一阵热烈的掌声。

陈逸芸继续说："关于自信，有一个印度的寓言故事。话说有一天，绝顶聪明的纳斯鲁丁跑去找著名哲学家奥修，纳斯鲁丁非常激动地说：'快来帮帮我！'奥修问：'发生了什么事？'纳斯鲁丁说：'我感觉糟糕透了，我突然变得不自信了，天啊！我该怎么办？'奥修说：'你一直是很自信的人呀，发生了什么事让你如此不自信呢？'纳斯鲁丁非常沮丧地说：'因为我现在突然发现，原来每个人都像我一样好！'听完这个故事之后，大家有什么样的感觉呢？"

陈家豪说："我觉得，这个寓言阐述了一个观点。那就是自信并不是绝对的，一向不自信的人其实也有非常自信的时候，同样，一向自信的人也很可能在某些时候变得不自信。"

陈逸芸说："说得好。自信和不自信，其实是可以转换的，在不同的场合，出于不同的原因，会产生不同的感受。当时的那种感受，有可能会增加你的自信，也有可能会打消你的自信。就如要叫一个对写文章很自信的文弱书生去举一个几百公斤的哑铃，他可能就会变得相当不自信了，只不过这种不自信，是合理的不自信，是认识到自身的弱点之后才产生的。而你刚才所说'害怕自己不能很好地建立自信'的观点，是你在对自己还没有做出评估的情况下产生的担忧，这是不合理的。"

陈家豪说："是的。你第一次问我问题的时候，我真的是很不自信的，很胆怯，但是到了后来我回答得越来越顺畅了。也许是肯定的回答增加了我的信心。"

陈逸芸说："其实你也是可以很自信的，只不过你过去没有发觉罢了。"

陈家豪说："是的。不过经过这一次之后，我相信我已经发觉了。谢谢你！"

在陈家豪的身上，陈逸芸看到了自己过去的影子。当年，她虽然以优异的成绩毕业，但是在参加工作之后，在一班老练的同事面前，她还是显得非常不自信，特别是受到批评的时候，就会觉得自己简直一无是处。每逢公司循例召开会议的时候，她一定是坐在最后面的，并且很希望前面有一个比自己更高的人挡着。不单如此，在会议中，她从来不敢正视别人的眼睛，甚至，就算内心对会议的主题有自己的一些看法，也不敢发言。她总怕会犯错误，或怕遭到别人的取笑。

当治疗进行到关系这个环节之后，她在分析自己为何经营不好亲密关系时，发现不自信也是其中一个重要的因素。

在亲密关系中，因为自己的不自信，她一开始就把自己摆在和对方不对等的位置上。如此一来她对对方的一举一动就变得相当敏感，很容易产生受到伤害的感觉。每当这个感觉产生的时候，自己内心的情绪就如失去控制一般发作，从而影响到亲密关系的建立和维系。

不能否认，一个人的不自信，不仅会影响他的工作，还会影响生活，甚至是整个生命。

今天陈逸芸已经逐渐明白，自己的不自信是建立在自卑之上的。自卑的来源当然和少时的家庭教育相关。当时由于母亲过多地否认自己，因而造成了后来的自卑心理。自卑就像是一块肥沃的土壤，不自信在这块土壤中生根、发芽，逐渐地长大，控制了她。自卑和自信的关系，就像是锁链一样，一环扣着一环，如果自己一直找不到源头，就会永远被扣在其中，无法脱身。

今天自己有这么大的转变，除了是因为接受心理治疗取得很好的效果之外，另一个重要的因素就是谢志伟。与他交往的这两年多时间里，他一直鼓励她多看书，鼓励她去参加各种资格考试。每当她失败的时候，他总会告诉她，这一次失败没关系，继续做她该做的，不要放弃，这是她能够做到的。他帮助她设定可行的目标，不管是在工作上，还是在生活上。就算他不能陪伴在她的身边，电话的问候一定会有。

于是，当她成功的次数越来越多，获得的经验越来越多的时候，她的信心就越来越充足。

她曾经说："如果不是遇见你，我可能真的愿意要一事无成了。"

他说："你不会一事无成的。如果你真的愿意一事无成，你就不会觉得痛苦了。你觉得痛苦，正是因为你有所追求，却总是不能达到目标。你没有达到目标，不是因为你没有才能，而是你那时候没有足够的自信。"

她说："我觉得我现在已经变得很自信了，这都多亏了你。"

他说："其实我的作用并没有那么大，你的自信，是你自己亲手找回来的。我只不过是在这个过程中陪着你罢了。"

当他说出这句话的时候，她觉得，谢志伟就像是自己的另一个母亲。正是他，陪着自己一点一滴地把遗失在亲生母亲的教育中的自信慢慢捡回来，把自卑慢慢地剔除掉。

这两个人为她做的一切都是出自爱，但是因为爱她的方式不同，所以产生了完全不同的效果。但是无论如何，她今天终于找回了自己，平衡了自我。

最近，她和谢志伟已经很少见面。虽然如此却没有终止过沟通。每次的电话中，她都会告诉他自己新近的变化。她相信谢志伟一定也能够理解她的做法。一直以来，他并不是一个单纯的情人，还是她的良师和益友。

过去她在感情生活中更多的是遵循自己当下的感觉，她会因为想念他而三更半夜打电话给他倾诉自己的思念，完全不会考虑这种行为可能带来的后果。但是现在，她已经知道自己的言行产生的后果并不单纯是由自己一个人承担，而是两个家庭都会受到影响。于是，她开始认真地思考和谢志伟之间的关系。她知道自己终究要做出一个选择。对自己好，对他也好的选择。而她今天能够做出这样的选择，也是因为内心已经有了足够的自信。

这种自信让她有了足够的力量来接受和他之间发生的转变，她知道，自己和他分开，并不等于是中断关系，而是把彼此的关系往良性的方向转化了。而这种自信，让她真正明白了这个道理，她不再觉得，和他分开是一件令人觉得痛苦的事情。她逐渐地了解到，自己在某一个人生命中的存在，并不需要以某一种形式来体现。

谢志伟听到她的转变之后，都会觉得非常开心。从陈逸芸的一言一行中，他感觉到她已经完全转变了，变得更加自信，思维变得更加成熟和睿智，对一切事情都有了更加宽阔的看法。虽然他会因为不能和她厮守到老而觉得遗憾，但是这个遗憾，陈逸芸已经用自己的转变帮他做出了弥补。他更愿意看到今天这个样子的陈逸芸。同时他也知道，两个人之间的感情并不会因此就中断，而是会变得更加纯粹和深入，并且不再需要依靠有形的接触来维系。这种内在的扶持，可以陪伴他们走完自己的人生，而不会再觉得有任何的遗憾。

成长的诗歌，是最好的礼物

虽然教科书上有说明，治疗师和来访者之间不能有私交。但陈逸芸还是会不时打电话给李承轩向他请教学习过程中遇到的问题，或者是在发现某个有趣的现象之后，和他讨论。而李承轩显然也很喜欢她认真学习的态度，也愿意倾囊相授。

今天是他们的最后一次咨询。当李承轩在电话中听到陈逸芸跟他说她准备前来的时候，他知道，她最近一定很有收获。虽然她自己是一个来访者，但是他对她认真学习的态度非常欣赏。所以对她的个人成长特别关注。在几次和庄令扬的闲谈中他都会问起她的情况，庄令扬说她是目前俱乐部里悟性最好的人，无论是自我了解，还是了解别人，她都做得非常好。

听到庄令扬的话之后，李承轩觉得非常开心，就像别人在称赞着自己一个非常有出息的弟子。他知道，她能做得这么好就是因为她真诚面对生命的态度。虽然过去她曾经因为一时的迷惑差点结束了自己的生命，但是她认识到自己的问题之后，那种对生命和对自己的真诚，让他觉得感动。

这一段时间，发生在陈逸芸身上的变化实在是太多。虽然这些变化表面看不出来，但是正是这种内在的变化，改变了她的生活，让她逐渐过上快乐的日子，逐渐产生了幸福感。

她知道李承轩做咨询的时候更喜欢当事人自己表达，去探索自己，而不是从他那里得到具体的答案。但是，因为自己最近获得的东西实在太多，她一时之间不知道从何处下手。

思来想去，觉得还是以画画的形式表达最好，而且自己也习惯用这样的方式来表达了。于是她回到自己的房间，打开电脑中的音乐播放器，里面储存着她最近很喜欢的班得瑞的音乐。她拿出毛笔，挑好颜色调匀，坐在地上准备画画。

在班得瑞音乐带来的自然氛围中，她慢慢摒弃了内心的困扰，放松整个身体，全心地进入了构思状态。此时，她能感觉到自己感官中最细微的变化，内心的祥和与宁静，甚至她可以听见自己的脉搏沉稳跳动的声音。

不知道过了多久，她终于完成了自己的构想，放下笔来，去客厅倒了一杯清水，活动了一下有点僵硬的四肢，然后回到房间中仔细欣赏自己的新作，给它们写上标题，并排好序。一切就绪之后，她左看右看，总觉得还少了一些什么。

回想起在读心术俱乐部的时候，曾经听庄令扬说过，诗歌是一种很好的表达方式，它可以帮助一个人去缓解内心的情绪，起到重新梳理的作用。虽然此刻的情绪很稳定，但是她觉得写上一两首诗歌来表达此时此刻的心情，也是一个很不错的选择。而且她一直认为，没有一种表达会比文字表达更有力量，更全面，更细致。

她给第一幅画取名叫《成长》。她画了一个孩子，孩子的身后长着洁白的翅膀，她坐在阳光里面，微微地仰着头，笑着，细眯着眼睛看着前方。她脸上的笑容是那么纯净，她的前额因为阳光的照耀而闪闪发亮，充满了希望的味道。孩子凝视的前方，隐约可以看到一些楼字，让人联想到那是一个乐园，人们正在里面快乐地生活。

她给第二幅画取名叫《蚁变》。这幅画中画着一片绿茵茵的小草，正在悄悄地发芽，芽尖上顶着晶莹剔透的露珠。露珠在阳光的照耀下，折射出七彩的光，似一个个小小的水晶球一般。远处有一棵枝繁叶盛的大树，大树底下，一个孩子正在快乐地荡秋千，而她的妈妈，笑眯眯地坐在草地上看着她。在这幅画的后面，陈逸芸写着：

小草

这是成长的季节

春意盎然

小草在阳光下炫耀自己的新芽

企图让世界听见它蜕变的声音

远处

刚刚脱壳的蝉发出微软的声音

从在泥土中的憧憬

到阳光下的梦想成真

经过了无数的日子

经过了暗无天日的等待

而今天

终于能够在温暖的太阳下

伸展它的躯体

它是那么的骄傲

以致连风儿都忍不住

带着它的欢乐洒向全世界

蝉

面对谜一样的未来

蝉放下心中的恐惧

准备好勇气面对考验

它挑选了一棵自己喜欢的树

静静地趴着

等着背脊慢慢地裂开

它知道它要爬过长长的黑夜与疼痛

才能等到黎明的到来

当自己内在的身体

再次感知到天空中吹过来的风

它知道这一刻它已经成功地蜕变

因为自信和坚强

它得到了重生

叭，它听到自己和大地接触的声音

它不由得笑了

闭上眼睛

它让自己慢慢地蜷缩着

它知道要过一段时间

自己才有足够的力量飞翔

等到

身体从白变黄又从黄变黑之后

等到明天的太阳升起之后

它又能振翅飞到高高的枝头

唱出美丽动人的歌

陈逸芸完成了《小草》和《蝉》的诗歌之后，已经忍不住热泪盈眶。小草和蝉都是自己的象征，自己正是走过了无边的黑暗，经过了巨大的痛苦才得到今天的成长。如果当时她不能经受那些，如果当时她选择放弃自己的生命真的如愿了，那么一切就消失了，生命就化为一个虚无，消失在这个世界中。自己也不能享受到今天的喜悦，不能享受到家庭的温暖和感情的甜蜜。她现在拥有的一切，就像是蝉拥有新生一样，很可贵。

第三幅画取名叫《强大》。画面上画着一棵茁壮的树，树下面有一座洁白的房子。这是一棵非常强大的树，它张开自己巨大的臂膀，为洁白的房子抵挡烈日的暴晒和风雨的侵袭。这象征着她目前真实的现状。她觉得自己已经从一株没有丝毫力量的，在风雨中飘摇，不能自保的树长成了一株参天大树。她已经可以带给家人温暖和爱，已经把过去的痛苦化作养分，一点一滴吸收进自己的身体，转化成能量。而最近学到的知识，正是这个过程中不可缺少的催化剂。

第四幅画取名《未来》。画中是一条延伸到远方的小路，这条小路并不宽，但是很平整，路边没有种花，却长满碧绿的青草。

陈逸芸为这幅画写了一首诗：

路

来时我走在荆棘满布的小路上

锋利的刺

深深地刺入我的肌肤里

而我无处躲藏

我痛哭

我呼喊

我差点掉头就走

但是我终于坚持了下来

继续前行

当我一步一步

慢慢地走出那片荆棘

出现在我面前的是一条平稳的路

这条路的尽头是温暖的阳光

路上没有坑洞

没有泥泞

只有散发着芬芳的小草

这是一条属于未来的路

它注定属于我

写完这些诗之后，陈逸芸扔下笔，随意躺在洁净的地板上，摊开自己的肢体，让自己处于放松的状态。房间内的音乐，像是羽毛一样轻轻从她的脸上、身上拂过。每一个毛孔，仿佛是得到解放一般张开来。她很快就进入了梦乡。

梦里，她来到一片很大的草坪上，草坪的中央，蹲着一个小小的天使。她好奇地走过去，跟那个天使打招呼。却发现，天使正是童年时的自己。她诧异地看着天使，天使也看着她。

她问："哎，你什么时候变成了天使啊？"

天使望着她，抿嘴笑了一下说："我变成天使好一段时间了。我一直在这里等你。"

她问："你等我做什么啊？"

天使说："等你来，告诉你我已经变成了天使啊，我想这个消息一定会让你觉得很开心。"

天使说完，拍拍自己的小翅膀，准备飞走。

她急了，说："哎，你怎么就走了，你多陪我一会吧。"

天使说："我是一个懂得隐形的天使，有人的时候，我就不出来，但是其实我一直都陪在你身边。"

说完之后，天使就向着天际飞走了。陈逸芸在草坪上躺了下来，她看见，天使正扒开云层看着她悄悄地微笑呢。

星期二下午两点半，李承轩的咨询室，两个人相对坐着，就和过去一样。

李承轩看着陈逸芸新画的作品和她写的诗，就像看到了一篇洋洋洒洒的成长报告一般。然后，他说："逸芸，看到你的成绩，我真的觉得很开心。虽然你不是我最容易治疗的一个来访者，却是我最有缘分的一个来访者。在你的身上，我再一次看到了生命的奇迹。今天我们的咨询可以正式结束了，接下来的日子，就算没有咨询师的引导，你也可以完成剩下的部分了。

陈逸芸望着李承轩，内心涌起一阵阵的感动，于是她忍不住站了起来，对着李承轩深深地鞠了一躬，说："这一路，如果没有老师您的帮助和陪伴，逸芸也不会有今天的成绩。并且，通过这次治疗，我发现了自己真正的兴趣所在，我喜欢这个助人自助的工作，我希望自己以后能够在这个领域发展。所以，我今天来还带着一个目的，希望老师你能够不嫌弃我天资愚钝，收我做你的弟子。"

李承轩听了之后，笑着说："事实上你是一个非常有悟性的人，也很适合在这个领域发展。收徒弟的事情，我们从长计议，接下来的一段时间里，我会外出讲课。如果你有时间又有兴趣，可以跟在我的身边实习一段时间，再确定你的发展方向。"

陈逸芸一听，真是喜出望外。李承轩是一个非常有经验的治疗师，如果自己能够跟在他的身边实习，那离自己做一个合格的治疗师的梦想就不远了。看来，她应该给自己的未来制订一个更加详尽的计划了。

神仙说"这个家庭不欢迎你"

在一个工作坊中，李承轩处理了一个个案，让陈逸芸内心产生了非常大的感触。她不只对自己有了更深的了解，并且对自己的家庭有了更深的了解。当事人是一个潮汕女孩子，在工作坊中，她跟成员们分享了自己的故事。

"我们潮汕人过去重男轻女的思想非常严重，我妹妹可以说是我们家重男轻女观念的牺牲品。在我还没有出生之前，家里的爷爷奶奶就盼望着我妈给他们生一个孙子，因为我爸是三代单传，一定得继承香火。我虽然是女孩子，但是因为是第一个孩子，倒也没有受到什么不好的待遇，然而我妹妹生下来之后，就不怎么受欢迎了，首先家里的老人家嫌弃，父母迫于压力，也觉得她这么不争气，应该变成一个男孩子再出来。

"她是在我3岁那年出世的，父亲母亲要上班，我又还小不能带她，爷爷奶奶因为要带我，而且又因为不喜欢她，所以他们也懒得搭理她，她可以说是一个人玩到大的。还好她小时候一直很乖，很少哭闹。弟弟出世之后的情况就更差了，不过那个时候我也已经长大一点了，起码可以陪她一起玩了。

"到了她读初中的时候，我已经开始读高中了，而弟弟正在上小学。家里有 3 个孩子读书，父母觉得很吃力，我平时的学习成绩很好，所以要我放弃学习那是不可能的，而弟弟才刚开始读书没有多久，要他放弃学习，也不是父母亲所愿意的。后来没有办法，就让妹妹读到初中毕业就辍学了。所以我高中还没有毕业，她就已经出来打工了，在一个有钱人家里当保姆。妹妹对于自己的遭遇，一直觉得不公平，到现在还是这样认为，她觉得自己是家庭的牺牲品。她因为没有学历，也没有技术，现在的日子过得并不怎么舒适。

"到现在我妈妈觉得很内疚，她觉得不该生个孩子出来受苦，她觉得这都是由她造成的。现在，我妹妹刚生了孩子，我妈就提出要帮她带孩子，妈妈现在对那个孩子十分溺爱，我知道她是希望通过这样的方式来弥补。我妹妹在我面前一直很自卑，她总是觉得自己不如人，因为她没有读多少书，又没有什么技术，嫁了个老公，家里的经济情况也不怎么样，她总觉得自己无法抬头做人。

"像这样重男轻女的情况，在我们村子里面是屡见不鲜的。我有一个同学，她是在牛棚中出生的。生出来之后，她妈妈边哭边骂，说她害了她，说她不懂事，明知道这个家里不欢迎女孩子还跑了来。幸运的是后来她妈妈生了一个弟弟，那个弟弟也挺有出息，读书成绩很好，最后考上了大学，有了一份很稳定的高收入的工作。要不然，她和母亲要背负的，可能就更多了。"

听了那女孩声泪俱下的叙述之后，陈逸芸不禁也陷入了沉思。她自己也来自一个重男轻女的家庭，虽然待遇不似当事人的妹妹那般凄凉，并且父母亲也没有直接怪罪她。但是整个童年时代，这却是影响着家庭的最大的问题。最近她在母亲那里了解到，原来在姐姐之前，母亲还曾经怀过一个孩子，不过在 6 个月的时候流产了，那个流产的孩子是个男孩。此后生了两个都是女孩。更糟糕的是，父母因为工作的关系，不能再生第三个孩子，于是，父亲延续香火的愿望是没有办法实现了。看着自己的兄弟们都生了儿子，父亲有时候会觉得很难过。别人有儿子传承香火，而自己却没有。

在陈逸芸小时候，每次回老家过春节时，父亲和叔叔伯伯在聊天的时候，总是会露出一脸羡慕的表情，说："你们就好了，有儿子，老了就有依靠了。"

每当听到这样的话，陈逸芸都会觉得很不以为然。她觉得自己虽然是一个女孩子，但是并不比男孩子差，每次考试不是第一名就是第二名，也没有给父母亲丢过脸，就是不明白为什么父亲总是那么执着。那时候因为年纪小，对香火传承的家族观念完全不了解。

她清晰地记得，自己第一次听见父亲在叔叔伯伯面前表示儿子比女儿好的那个晚上，她做了一个梦。梦见自己正准备投胎去他们家，她一路慢慢地走着，不知道走了多久，突然看到前面有一堆人在聊天。她经过他们的时候，突然有一个白胡子老头对她说："小姑娘，我劝你还是不要去那家了。"

陈逸芸问："为什么啊？"

那老头说："因为那个家不会欢迎你的啊。"

陈逸芸问："你怎么知道？"

老头子说："我是神仙，我什么都知道。"

陈逸芸说："他们为什么会不欢迎我，我表现得好一点，不就行了吗？"

神仙老头说："不是你表现不表现的问题，而是他们希望生一个男孩子的问题。你不是男孩子，你去肯定不受欢迎。"

陈逸芸说："我不信，我还是想去，我会证明给他们看，我很优秀。他们最后会喜欢我的。"

神仙老头见说不动她，于是叹了一口气，甩甩自己白花花的长胡子走了。这时候，其他的神仙也开始劝说她不要去这个家庭，可是她不听，义无反顾地去了。

到了之后，她刚睁开眼睛，就听见一个苍老的声音失望地说："唉，怎么又是一个赔钱货？真是造孽！"然后那个声音就呜呜咽咽地哭了起来，那哭声越来越凄厉，把陈逸芸从睡梦中吓醒了。

现在回想起来，那个梦是因为潜意识在活动而做的。也就是说，她那份自卑和倔强是与生俱来的，是还在母亲子宫里的时候就已经存在的。那时候她已经感受到了自己的不受欢迎，还在胎儿的时候，她已经有了一种恐惧，当这种恐惧在后来被证实之后，就变成了自责、内疚和自虐。这些情结导致她后来做出一系列不珍惜自己的行为。其实如果她不是拥有这样的人格，生活中有很多幸福是自己可以抓住的，但是，那些美好的东西终究和自己擦肩而过了。也就是说，虽然自己很倔强，但是依然没有逃脱那个暗示，即神仙说自己不受这个家庭欢迎的暗示。

这到底是谁的错呢？自己和家人肯定是不会错的，因为他们同样没得选择，那么，难道真的存在命中注定这样的事情吗？

事后，她就这个问题请教李承轩。

李承轩听了她的梦之后，若有所思地看了她好一会儿，然后说："过去我一直很奇怪，你这么强烈地想要改变自己的决心是从哪里来的。现在我已经可以确定，这是你想要为了完成家族梦想做出的努力。"

陈逸芸听了之后，狐疑地说："家族梦想？我从来没有考虑过这个问题。这也不是我应该考虑的问题，我是女孩子。"

李承轩说："正因为你是女孩子，你才要这样做。你想一想，你现在成了一个治疗师之后，最开心的人是谁？"

陈逸芸说："我父母。现在他们逢人就说他们的女儿有多厉害。"

李承轩说："对啊。如果你成了一个治疗师后最开心的人是你，那么你就是完成了你个人的梦想。但是现在最开心的人是你的父母，你成为他们的骄傲，你想一想，你和那些立志要光宗耀祖的男人有什么区别？"

陈逸芸听了李承轩的话之后，怔住了，好一会说不出话来。

李承轩见她这样，又继续说："完成家族梦想，其实是潜意识的愿望。而且它并不一定要通过赚钱、出人头地表现出来。成为一个优秀的人，高尚的人，同样也是一种形式。它们之间的区别不过是形式的区别，一种是通过物质来满足，一种是通过精神来满足。实质上是一样的。"

陈逸芸说："原来如此。我记得谢志伟也跟我说过一句话，他说'你觉得痛苦，正是因为你有所追求，却总是不能达到目标。'那时候我觉得自己一事无成，非常痛苦，却不知道自己内心深处到底在追求什么。一直以来，我还以为自己是在追求一个避风港湾，现在想来，我是一直希望自己最终能够成为一个优秀的人，却无奈天不遂人愿，才会产生巨大的痛苦。"

李承轩说："所以，当你现在达成了自己的愿望之后，内心的痛苦就不再存在了。所幸的是你选择了一个探索心灵的职业。如果你也像其他希望通过物质来实现梦想的人一样，当物质生活得到满足之后，你反而会茫然不知道自己下一步该如何了。物质是有限的，而精神无限。

晚上，陈逸芸上床之后，翻来覆去睡不着。

她想起了小时候做过的那个梦，李承轩在白天曾经跟她说过："如果你想了结心愿，澄清问题，你还是可以和那个神仙对话一次的。不过能不能在这个时候和神仙对话，要看机缘。"

不知道过了多久，她迷迷糊糊觉得自己好像在一条路上一直走着，而这条路她似曾相识。不久之后，她发现这条路正是当年她投胎时曾经走过的路。认出这条路之后，她觉得十分开心，心想也许能够遇到那个老神仙，告诉她自己出生后发生的故事了。

陈逸芸一边走着，一边寻找当年遇到神仙的地方。走了很久，她也没有遇到，于是坐下来在路边歇息。心想，莫不是真的机缘未到？

此时，她突然听见头顶有个声音说："姑娘，你找我吗？"

陈逸芸抬起头一看，正是当年的那个白胡子老头，他可是一点都没有变，依然白发皓首，胡子飘飘。

她站起来说："是啊，老神仙，我找你好一阵子了，你是知道我来找你才出现的吧？"

神仙老头点点头。

陈逸芸说："其实我这次来找你，也没有什么特别的事情。我只是想来告诉你，你当初说的话是对的，虽然我没有听进去，但是后来我在那个家庭的确遭到了排斥。不过，尽管如此，我也无怨无悔。这些年来，我一直受着你当初那句话的影响，过得很不开心。现在我已经明白过来了，既然去那个家庭是我自己选择的，我就不应该怪谁怨谁，我就应该接受自己的选择。因为就算我不接受，我内疚、自责、自虐，也改变不了自己是一个女孩子的事实。所以，以后我会好好地生活，尊重自己的生命，尊重自己的选择。"

神仙老头说："那天我跟你说的话其实是一个考验。经得起考验的孩子，对自己有信心的孩子，日后都能成为一个出色的人。虽然他们在出世之后，心灵会遭受到痛苦的折磨，但是这并不能够磨灭他们的本质。就像你一样，虽然你过了 35 年不如意的日子，但是你今天终于醒悟过来，显出了自己真实的本性。"

陈逸芸听了之后，恍然大悟，说："原来如此。我真高兴自己经得起考验。可是，如果经不起考验，那会怎么样呢？"

神仙老头说："经不起考验的孩子，有些会在出世的时候就夭折，或是刚出世就身患重病。但也不一定都这样，看他自己的造化了。"

陈逸芸说："以前我以为自己的出生是不由自己选择的，但是遇见你之后，我才知道，其实这条路，确实是自己选择的路。"

神仙说："是啊。你看，你第一次走这条路的时候，路面很窄，路边没有花草，树木光秃秃的。现在路边的树也长高长大了，周围一片大好风光，正是你此时的写照啊。虽然，冥冥之中一切有安排，但是还是要靠你自己后天的努力，才能把愿望达成。"

在老神仙的提醒之后，陈逸芸才留意到路上的变化。的确这个时候，路边的树木长得高大挺拔，葱葱郁郁，鸟雀不时在树叶之间嬉戏，一派生机勃勃的景象。

陈逸芸于是说："谢谢老神仙的指点，我真是受益匪浅，感激不尽。"

神仙老头说："好了，你此时心结已经打开，再无别的疑问，就趁早回家睡个好觉吧。"

陈逸芸于是拜别老人回到家中。

第二天早上，陈逸芸睁开眼睛，想起昨晚在梦里神仙说的话，看看透过窗户晒在自己被子上的温暖的阳光，她知道，美好的一天又开始了。并且，从此以后，生命中已经不会再有自己觉得不美好的日子了。

生命的魔咒

第一魔咒 理性可以主宰一切

房间里有两个男人。一个是 4 个月大的男孩吉米，另一个是 40 岁的男人吉东南。吉东南在忙着写自己的稿子，吉米则因为肚子饿而躺在床上挥动着手脚哇哇大哭。

吉东南一边工作，一边心不在焉地劝着吉米："宝贝，快别哭了，你这样哭下去会伤身体的，那对你未来的发育很不利呀。"

吉米闭着眼睛，对他的话置若罔闻，哭得更加起劲了。吉东南只好从摇篮中抱起儿子，在房间里踱着方步，嘴里喃喃地说着："妈妈就回来了啊，回来就有东西吃了，快别哭了。"

吉东南觉得自己的声音还是蛮动听的，但是没有收到任何效果。吉米毫不领情，依然啼哭不止。吉东南看着怀里的儿子，真是一筹莫展，只希望他妈妈快点回来，好把自己从魔咒中解放出来。

我们每个人的内心都有一个非理智的情绪自我，那就是我们的内在小孩。可是，从我们宣布自己长大的那一刻起，我们就永远地失去了他。因为从我们宣布长大开始，理性就住进了我们的内心。它就像是一个小鬼，时不时地念一段经文，他会告诉你"理性可以主宰一切"。这段经文就像一道神秘的咒语，时间长了，会让一个人经常处于理智状态，无论遇到什么问题都理智对待。我们听信了那个理性的小鬼所念的咒语，而且在这个过程中，我们同时也失去了很多小孩子的快乐。

可悲的是，我们不断地按照咒语的指挥，去跟自己内心的那个小孩讲道理。就好像是吉东南对他的儿子吉米一样，他根本不知道吉米要的是粮食，而不是说教，所以吉米就算听到他的话，依然不会停止啼哭。而当我们的内在小孩闹别扭的时候，如果我们以理性的方式来对待，全然不理会它的需要，同样会造成这样的结果——让内在小孩感觉委屈，而自己焦头烂额。

第二魔咒　谁是我

每一个人都有自己独特的个性，这其中包括我们的态度、心理气质、性格等。这些因素中，除了小部分由遗传基因决定以外，其他都是在后天的环境中慢慢造就的。在成长的过程中，我们为了塑造一个理想的自我，而穿上一件件光鲜亮丽的保护壳。到了最后，我们的自我就像是一个洋葱的核心一般，被重重地包裹在最里面，变得难以触摸，甚至紧密得连自己都以为，这样的自我已经不存在了。自我是不是也像我们的外在一样光鲜亮丽呢？

或者说，我们还有自我吗？如果还有，那么又剩下多少呢？

有些人走在生命旅途中，却忘记了出发时候的目的，变得茫然失措。而有些人到了一个所谓的目的地，却发现根本没有想象中的兴奋和喜悦。为什么会这样呢？这些和自我、理想的我又有什么关系呢？

哪个才是真的我呢？我是谁呢？谁是我呢？

这个魔咒是什么？让我们一起来寻找和破解吧！

第三魔咒　生命中的贵人

一生当中，会有许许多多的人在生命旅程中和我们相遇或者同行。在那些人中，有些人是我们天生就喜欢的，有些人却好像天生就让我们觉得讨厌。天生就喜欢的人自然不必说，是我们生命的贵人，他们帮我们增加自信心，让我们感受到爱和温暖，让我们在需要支持的时候获得力量。

可是那些让我们感觉讨厌的人又是怎么回事呢？难道真的是前世与他们有过恩怨吗？

我们可以细细观察，会发现在那些人的背后还站着一列人，他们不过是后面那类人的替代而已。那么，那些被替代的人，为什么会让我们觉得不喜欢呢？他们在我们的生命中，又扮演着什么样的角色呢？

一个很有才华、积极向上的工程师去找心理医生咨询，他述说自己一直没有办法和领导好好相处。尽管有时候领导对自己也不错，但是自己还是很反感他们的一些做法，并且还会因为这种反感，而采取一些行动进行"报复"。因为这样，他已经换了几家单位。但是换工作并没有帮助他解决这个难题。同样的情景，在不同的单位一再地上演。这个问题像一个魔咒一样在他内心里不断纠缠，挥之不去。

心理医生问这个年轻人：你的第一个领导是谁？

他于是恍然大悟，找到了源头。原来源头就是他的首个领导人——父亲，他把潜意识里对父亲的怨恨，投射到了所有处在领导位置的人。

这是一个幸运的年轻人，他找到了根源，并破了咒。而许多人一生都在逃避和这种"生命中的贵人"相处。发生这样的事情，依然懵懵懂懂不问原因，自然不能破解这个魔咒，让自己一生都受困其中，让生命无端失去多种颜色，实在可惜。

第四魔咒　家族的梦

每一个生命的背后都有一群生命，这一群生命就是他的家族。每个家族都会拥有共同的生命理想，我们把这个理想称为家族的梦。

人作为一个独特的个体，也有自身的生命理想，我们把它叫作潜意识生命理想，也就是个体自己的梦。

当个体的梦想和家族的梦想相互交融的时候，生命之花就会开放得更加艳丽，反之，生命之花就不能开放。

每一个先辈，都不会做一些让自己后代不快乐的事情，他们必然都希望自己的后代有着开心的生命旅程。

而作为后辈却不会这样想，他们觉得自身应该承担家族所没有完成的理想，并且把这个当成是自己此生奋斗的目标。如果自己不能完成，就是不孝的子孙，就应该受到惩罚。

这样的认知一旦形成，就会在这个人的潜意识里一直影响着他的人生旅程，包括走向以及快乐的程度。在他有生之年，咒语随时都在耳边响起："你还没有做到，请你不要停下来。"

当一个人不能解决个人梦想和家族梦想之间的冲突的时候，当他长期处于矛盾和不安中时，就好像有一道咒语在耳边不断响起："你是一个没有良知的人，你是不孝的子孙，你需要被惩罚。"

这道咒语是谁在念呢？当然不是家族中的生命，而是它本身的生命良知所念。

结果可想而知，这个人的生命旅程就是不快乐的。而他自己不会知道自己为什么不快乐，也不会知道咒语本身。

后 记

细细数来，从事心理咨询工作已有 10 个年头了，在这 10 年的职业生涯里面，我听到过许多不同版本的故事，看到过不同面孔的人。但让我最记忆犹新的不是那些看似惊险跌宕的故事，而是主人公们对待自身故事的态度，以及由故事所触发的情绪和情感。

幼小就失去父母的人，带着心理创伤来找我；人到中年还不知道自己生命意义的"白领"，迷茫地走进我的咨询室；因为婚姻出现危机，已经导致自身心理处于抑郁症早期的女士；还有因为"两个对他恩重如山的女人"无法和睦相处，心力交瘁的男人……故事听多了，难免会产生免疫力。曾几何时我不再只关注故事本身，而开始更多地关注讲述故事的人的讲述模式，努力地从中发现他们对待自身故事的态度，以及故事发生过程中内心所走过的情绪和情感。

这时候我回眸自己的职业生涯，发现我进步了，于是我开始有了"问题本身不是问题，如何看待才是问题本身"这样的咨询感悟。

有的人像祥林嫂一样过分关注自身故事，形成一个恶性循环，是一个可悲的案例。然而，在生活中又不乏"掩耳盗铃"的朋友，他们以为自己听不到，事情就不存在了。这些都是态度惹的祸，不是故事惹的祸。一个人从出生到离开这个世界，会遇到生离死别，也会经历酸甜苦辣，只是在什么时候而已。有的人小时候死了爸爸，有的人小时候死了妈妈，这些不重要，重要的是我们在心理发育与成长中形成了怎样的生命态度。态度决定我们是不是一个心理健康的人。

我们一出生就在关系中开始自己的人生旅程，我们会遇到许多人，和这些人发生各种各样的关系。

我也经常听到"我的孩子不听我的话了""我的妈妈不能理解真实的我""我和另一半的关系不如以前了""我要学习如何和同事相处"……

是的，我们在关系中成为今天的自己，也在关系中成就今天的自己。喜悦来源于关系，伤感也来源于关系。

一个潜意识里有恐惧的人，是不会有安全感的，那么他身边的人一定正生活在水深火热之中。

一个喜欢内疚的人，很难有快乐，因为遇到事情他总觉得是自己错了。

一个喜欢和自己的情绪讲道理的人，突然有一天无法控制自己，把自己最重要的事情搞砸了，因为他无法再控制自己的情绪。但是，他并不一定知道，这一切都是因为我们忽略了情绪自我的结果。

一个没有焦虑的人，很难有创造性。成功自然也不会属于这个人。

一个整天焦虑的人，可能会是一个整晚都睡不着觉的人。焦虑成为他的心头大患。

一个正性情绪只有 30% 的人，一定会被心理学家诊断为心理患者。

有一天我像剥洋葱一样，寻找我自己，到最后发现自己不见了。

我是谁？我在哪里？

当我们开始思考这个问题的时候，我们已经长大了。

每个人内心都有一个内在小孩，你知道他在哪里吗？

每个人的背后还有一个自己，你回头能看到他吗？

人生是什么？

人生就是寻找自己的过程。

人生是什么？

人生就是和自我战斗的过程。生命不息，战斗不止。

我们在别人眼里到处找我们自己，却发现自己就在自己心里。

这些年的心理咨询职业生涯历程，让我更清楚地看到，用关系、自我、情绪去看待一个人的心理健康状况，是比较简单有效的一种方式。作为一个人只要这三者和谐了，基本就没有多大问题了，如果要从心理上完善自我，从这三方面下手也是很好的方式。

我出生在 20 世纪 70 年代，和许多人一样，我的生命故事中也有一些值得炫耀的挫折经历。从开始的时候因为自卑不敢跟别人说起自己的故事，到经常谈论自己的故事，渴望得到认同，再到重新看到自己的故事，我用了十几年的时光。作为一个渴望明天成为更优秀的自己的普通人，我很庆幸我今天的进步。作为一个心理咨询师我看到了这个过程的真实意义。

到今天为止，我坚定地认为一个人的内心需要是不能逃避的，我们也许会通过迂回战术来满足自己生命中的心理需要，但绝对不能逃避。心理咨询的职业生涯真正受益最大的是我自己。

所以，我更渴望分享，"让更多的人因为心理学而受益"是我写这本书的初衷，但需要知道，对于心灵成长来说，这也许只是开始。在你阅读这本书的时候，你已经踏上了心灵成长之旅，这其中会有痛苦和喜悦，也许就在一刹那间，你的生命之花已经悄然开放！

如果是那样，请别忘记分享给我。

韦志中